Strahinja Marjanović

Método de aplicação para a tomada de decisões no domínio do transporte combinado

Strahinja Marjanović

Método de aplicação para a tomada de decisões no domínio do transporte combinado

O tratamento dos estudos de caso

ScienciaScripts

Imprint

Any brand names and product names mentioned in this book are subject to trademark, brand or patent protection and are trademarks or registered trademarks of their respective holders. The use of brand names, product names, common names, trade names, product descriptions etc. even without a particular marking in this work is in no way to be construed to mean that such names may be regarded as unrestricted in respect of trademark and brand protection legislation and could thus be used by anyone.

Cover image: www.ingimage.com

This book is a translation from the original published under ISBN 978-3-330-33106-8.

Publisher:
Sciencia Scripts
is a trademark of
Dodo Books Indian Ocean Ltd. and OmniScriptum S.R.L publishing group

120 High Road, East Finchley, London, N2 9ED, United Kingdom
Str. Armeneasca 28/1, office 1, Chisinau MD-2012, Republic of Moldova, Europe
Printed at: see last page
ISBN: 978-620-8-06037-4

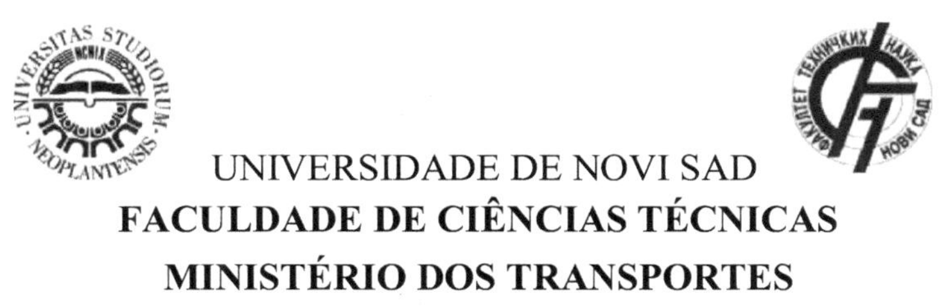

UNIVERSIDADE DE NOVI SAD
FACULDADE DE CIÊNCIAS TÉCNICAS
MINISTÉRIO DOS TRANSPORTES

Strahinja Marjanovic

MÉTODO DE APLICAÇÃO PARA A TOMADA DE DECISÕES
NO TRANSPORTE COMBINADO: ESTUDOS DE CASOS

NOTA DE OBRIGADO

Gostaria de agradecer ao meu mentor de doutoramento, Marinko Maslaric, pela sua ajuda e sugestões durante a redação deste trabalho.

Resumo

Este trabalho analisou o problema da análise multi-critério do transporte combinado. Este trabalho descreve o problema da tomada de decisão multicritério na seleção de rotas de transporte óptimas. Com base no grande número de critérios e factores que influenciam uma escolha, cada opção de itinerário de transporte é avaliada e classificada, tendo cada critério um determinado peso ou influência na escolha. Para além de abordar hipóteses teóricas para a tomada de decisões, são abordados estudos de casos concretos sobre os seguintes tópicos: tempo de transferência ótimo.

Palavras chave

Transporte combinado, terminais de contentores, análise multicritério, tomada de decisões, critérios de decisão.

O conteúdo

1. INTRODUÇÃO

A modernização intensiva do transporte de mercadorias é um dos principais objectivos para o desenvolvimento económico e rentável da economia no seu conjunto. Isto significa que as técnicas, as tecnologias e a organização dos transportes devem ser constantemente desenvolvidas para se adaptarem à dimensão da economia global e ao nível, à estrutura e à qualidade da procura de serviços de transporte nacionais e internacionais. A industrialização moderna, o crescimento económico rápido, a intensificação da divisão do trabalho nos mercados nacionais e internacionais e as mudanças estruturais da economia na era da integração exigem não só um impacto importante no sistema de transportes, mas também uma adaptação qualitativa desse impacto às mudanças em curso e às exigências mais rigorosas e intensas dos mercados mundiais desenvolvidos. Estas tendências inevitáveis e oportunas do comércio-mercado mundial, que aumentaram consideravelmente nos últimos tempos, só podem ser gradualmente eliminadas por um sistema de transportes moderno e integrado (integrado, multimodal e combinado).

O desenvolvimento da economia e da sociedade provocou mudanças no sistema de desenvolvimento da procura de serviços de transporte, o que influenciou positivamente o desenvolvimento de técnicas de transporte e de pernas tecnológicas, mudanças no sistema de oferta de serviços de transporte e as condições adquiridas da revolução técnica e tecnológica nos transportes. O transporte rodoviário conheceu a primeira expansão e tornou-se dominante, deixando o modo de transporte ferroviário sob ameaça, o que levou a uma redução significativa da quota dos caminhos-de-ferro em quase todos os segmentos de mercado. Sob a influência de várias circunstâncias, os caminhos-de-ferro não conseguiram explorar e desenvolver as suas próprias vantagens comparativas em relação a outros modos de transporte (independência das condições meteorológicas, pontualidade, regularidade, consumo de energia, proteção do ambiente, etc.).

O desenvolvimento de técnicas de transporte modernas é acompanhado e o desenvolvimento de novos sistemas de informação e componentes de controlo básicos para cadeias de transporte, em que os terminais actuam como nós, é essencial para o funcionamento eficiente de toda a cadeia de transporte combinado. A determinação da melhor cadeia de transporte requer uma avaliação, que inclui uma análise preliminar. O método de avaliação e seleção da melhor alternativa é utilizado na análise da tomada de decisão multicritério. [9]

1.1. Definição do problema de investigação

As novas tecnologias de transporte do sistema de transporte integrado ao longo de toda a cadeia de transporte, no transporte de mercadorias do produtor

ao consumidor, representam a necessidade de racionalizar a economia no seu conjunto e têm um impacto direto *Método de aplicação para a tomada de decisões no transporte combinado: estudo de casos de transformação*
competitividade para integrar as economias nacionais na divisão internacional do trabalho. É cada vez mais inevitável, e o nosso país, porque as técnicas e tecnologias existentes, bem como a organização da movimentação de mercadorias, transporte, armazenamento e manuseamento de mercadorias, tornou-se um obstáculo a uma produção dinâmica e bem sucedida de transportes, com o reflexo do enorme crescimento dos custos de transporte no preço das mercadorias e no preço de venda. Para reduzir os custos de transporte, armazenamento e manuseamento por uma equipa e o preço do produto final, é necessário encontrar a rota de transporte mais adequada. A escolha do plano de encaminhamento mais adequado é um problema que não pode ser resolvido quantitativamente, mas sim qualitativamente. A forma mais eficaz de selecionar os tempos de transporte é através de uma análise multicritério.

1.2. Definição das hipóteses de base e dos objectivos da investigação

A aplicação da tecnologia dos transportes intermodais consiste em combinar as vantagens dos diferentes modos de transporte utilizados para a deslocação das mercadorias. Os diferentes modos de transporte e as suas combinações permitem um grande número de trajectos e de variantes de transporte. A fim de reduzir os custos de transporte, uma grande percentagem dos quais é incorporada no preço do produto, é necessário encontrar itinerários e combinações de modos de transporte adequados para tornar o transporte mais eficiente e reduzir ao máximo as emissões e os custos. Uma análise multicritério fornece os melhores resultados para a seleção de itinerários. O impacto dos resultados é normalizado e multiplicado pelos pesos correspondentes para a tomada de decisões.
Para cada alternativa, obtém-se a soma que permite classificar os modos de transporte alternativos. Neste trabalho, o principal objetivo da investigação é sistematizar os pressupostos teóricos de base relativos ao transporte intermodal e aplicar diretamente a análise multicritério à seleção dos tempos de transferência adequados.

1.3. Métodos de investigação

O tema principal deste trabalho é a aplicação da tomada de decisão multicritério no transporte combinado. O método utilizado neste trabalho é a análise descritiva, sendo a pesquisa de dados e literatura efectuada na Internet.

A tese é composta por seis capítulos. O primeiro capítulo define os problemas, os objectivos e os métodos de investigação da tese. O segundo capítulo apresenta a base teórica do transporte combinado, relacionada com os sistemas de transporte, os terminais de contentores e a movimentação de contentores. O terceiro capítulo é dedicado à base teórica da análise multicritério e dos critérios de seleção. O quarto capítulo é dedicado a um estudo de caso de transporte combinado em que é aplicada a análise multicritério. O quinto capítulo apresenta os procedimentos utilizados para selecionar rotas de transporte óptimas, mas também a discussão que constitui a base para investigação futura. O sexto capítulo é dedicado às observações finais.

2. FUNDAMENTOS TEÓRICOS DO TRANSPORTE COMBINADO

O transporte intermodal pode ser definido como o movimento de pessoas ou mercadorias do seu ponto de partida (origem) para um destino, utilizando pelo menos dois modos de transporte, sendo a transição de um para o outro efectuada num terminal intermodal. O conceito é universal, pelo que tem um significado importante para muitas pessoas: Combinação de camiões, comboios e transporte marítimo, transporte ferroviário dedicado ao transporte de grandes quantidades de contentores de mercadorias e veículos em longas distâncias, o principal modo de transporte para o transporte internacional, um papel central na definição da política de transportes na União Europeia, é viajar através de uma combinação de transporte privado (por exemplo, automóveis) e público (por exemplo, metro ligeiro), e assim por diante. Por conseguinte, é necessário começar por algumas definições, a fim de estabelecer a terminologia de base e limitar o âmbito do trabalho. Em primeiro lugar, o transporte de pessoas e de mercadorias pode ser considerado do ponto de vista do transporte intermodal, mas limitamos o estudo ao transporte de mercadorias.

Numa das suas acepções mais comuns, o transporte intermodal de mercadorias designa a cadeia multimodal dos serviços de transporte de contentores. Esta cadeia estende-se geralmente desde o início do transporte até aos contentores do destinatário final (conhecido como "porta a porta") e cobre longas distâncias. O transporte é frequentemente efectuado por vários transportadores. Num exemplo clássico de uma cadeia intermodal intercontinental, os contentores cheios saem do edifício num camião de carga diretamente para o porto ou para a zona ferroviária, de onde o comboio os transporta para o porto. O navio carregado de contentores é transportado de porto em porto noutro continente, de onde é entregue ao seu destino final por um ou uma combinação de modos de transporte terrestre: camião, comboio, mar ou rio. Vários terminais intermodais fazem parte desta cadeia: os terminais de contentores marítimos terrestres iniciais e finais, onde os contentores são transferidos por via marítima para alguns dos modos de transporte terrestres, oxo que os terminais terrestres (ferroviários, portos fluviais, etc.) e asseguram a transferência dos contentores entre os modos de transporte terrestres.

O transporte de contentores é uma componente importante do transporte intermodal e do comércio internacional, e a sua importância é apresentada neste capítulo. O transporte intermodal não se refere apenas aos contentores e ao comércio intercontinental, mas também à parte corroída, uma parte importante do comércio internacional, que é movimentada em contentores, o que não significa transporte marítimo, mas sim transporte terrestre como extensão da cadeia intermodal. Por outro lado, outros tipos de carga podem exigir a cadeia de meios de transporte para se deslocarem e facilidades para a transferência intermodal, como ilustra a definição, a Conferência Europeia dos Ministros dos Transportes (1993) prevê para o transporte intermodal "o transporte de mercadorias numa única unidade de transporte ou veículo que utiliza sucessivamente, diferentes modos de transporte (rodoviário, ferroviário, aquático), sem manipular as mercadorias durante a transferência entre os diferentes modos de transporte". Esta definição continua a ser restritiva. Por exemplo, o transporte de mercadorias e de remessas expresso a nível regional ou nacional é intermodal, utilizando diferentes combinações de transporte rodoviário, ferroviário e aéreo, sendo as mercadorias transbordadas (selecionadas e agrupadas) em terminais. Em geral, o transporte abaixo da capacidade do veículo não é estritamente intermodal, incluindo serviços de camionagem (primeiro) e de entrega (destino), normalmente efectuados por camião, e pelo menos um longo transporte até ao seu destino, pelo que os movimentos de transporte são feitos por via ferroviária, fluvial ou aérea e as actividades de transferência entre estes modos de transporte, que é efectuada nos terminais.

2.1. Transporte intermodal de contentores

A atividade de transporte de contentores registou um crescimento extremo nos últimos dez anos e esta tendência não mostra sinais de abrandamento, como mostra o volume anual de contentores movimentados em milhões de TEU (unidades de contentores equivalentes a vinte pés) no Quadro 2.1 (os números de 2005 são apostas; Koh e Kim, 2001, ISL, 2005). O ímpeto inicial do transporte de contentores resultou da segurança oferecida em troca de perdas e danos. Os benefícios em termos de redução da movimentação de carga e de normalização do equipamento de transporte e movimentação, que resultam em custos mais baixos e maior eficiência, tornaram-se a força motriz do desenvolvimento do sector e do serviço intermodal "porta-a-porta" em todo o mundo. O transporte intermodal de contentores representa uma parte significativa do transporte internacional de mercadorias.

O tráfego internacional de contentores, impulsionado pelo seu desempenho, teve um impacto notável. Os portos e terminais de contentores foram construídos ou amplamente modificados para acolherem navios de contentores e operações eficientes de carga, descarga e transbordo. O equipamento dos terminais de contentores e os procedimentos operacionais têm sido continuamente actualizados para melhorar a produtividade em termos de custos e de tempo, e para incentivar a concorrência com outros portos pelas companhias de navegação.

No sector marítimo, a eficiência levou à construção de grandes navios porta-contentores para o tráfego intercontinental; os novos navios porta-contentores têm uma capacidade de 8.000 a 18.000 TEU. A eficiência destes navios reflecte-se no facto de não serem utilizados com frequência. Além disso, são demasiado grandes para a maioria dos portos. Como resultado, o novo elo está a ser adicionado como parte da cadeia intermodal: Super-Boards num número reduzido de grandes portos, os contentores são transferidos para navios mais pequenos para distribuição em portos mais pequenos. Estes navios não podem passar pelo Canal do Panamá.

O impacto do aumento do comércio de contentores é significativo para os sistemas de transporte terrestre. Foram criados serviços de transporte especializados, como as pontes terrestres norte-americanas, que enquadram outros modos de transporte, comboios de dois andares que exploram um ramal ferroviário independente entre as costas leste e oeste e estabelecem o tráfego entre estes portos e o coração industrial do continente (as pequenas pontes terrestres). Na Europa, a criação de um serviço ferroviário especial para o transporte de contentores.

Quadro 2.1 Tráfego mundial de contentores

Anos	Contentores de transporte (milhões de TEU)	Taxa de crescimento (%)
1993	113,2	12,5
1995	137,2	9,8
1997	153,5	4,2
1999	203,2	10
2000	225,3	10,9
2001	231,6	2,8
2002	240,6	3,9
2003	254,6	5,8
2004	280,0	10,6
2005	304,0	8,6

2.2. Adaptação e consolidação do transporte intermodal

Na cadeia intermodal, a felicidade consolida o sistema de transporte em que um ou mais veículos são utilizados para transportar mercadorias para diferentes utilizadores com diferentes origens ou destinos finais, bem como transportadores personalizados que prestam o mesmo serviço a cada cliente.

O carregamento de camiões é um exemplo típico de adaptação do transporte. Quando um cliente telefona, o expedidor atribui a tarefa ao camião e ao condutor (ou equipa de condutores para transportes muito longos). Um camião transporta mercadorias para locais onde um determinado artigo vai ser vendido e, em seguida, desloca-se para um local específico onde é descarregado. O condutor contacta então o expedidor para o informar da sua situação atual e solicitar uma nova missão. O expedidor pode assinalar um novo pedido de transporte, chamar a atenção do motorista para uma deslocação vazia a um novo local onde se espera que surja procura num futuro próximo, ou encaminhar o motorista para outras tarefas. Os camiões trabalham num ambiente altamente dinâmico, onde pouco se sabe sobre a procura, as filas de espera e os atrasos nos locais dos clientes, a posição exacta dos veículos vazios e cheios, etc. Além disso, o tempo de que o expedidor dispõe para decidir sobre a encomenda seguinte e responder aos pedidos dos clientes é geralmente muito curto (estas decisões são geralmente tomadas em tempo real).

O serviço é feito à medida de cada cliente e é essencial atribuir os veículos em tempo útil, tendo em conta os requisitos económicos. O desenvolvimento de uma estratégia eficaz de gestão e de afetação de recursos está, por conseguinte, no centro do processo de gestão. Estas estratégias visam atingir o volume máximo de procura (transporte de mercadorias) e os benefícios daí resultantes com a melhor utilização dos recursos disponíveis: motoristas, frota de camiões e reboques, etc.

A maioria dos serviços de navegação oceânica que fornecem barcos fretados tem caraterísticas dinâmicas e estocásticas. As variações na duração da viagem são maiores nas rotas marítimas do que nas rotas terrestres. Além disso, o tempo de viagem e as operações de carga e descarga são geralmente muito mais longos, o que prolonga o tempo necessário para decidir a tarefa seguinte. Os caminhos-de-ferro também oferecem serviços personalizados, em função das necessidades de transporte. Estas decisões, na maioria dos casos, decidem a adoção de contratos a longo prazo, o que significa que a procura é conhecida de forma determinística. Isto contrasta com a procura que caracteriza os camiões estocásticos e o leasing dos transportadores marítimos.

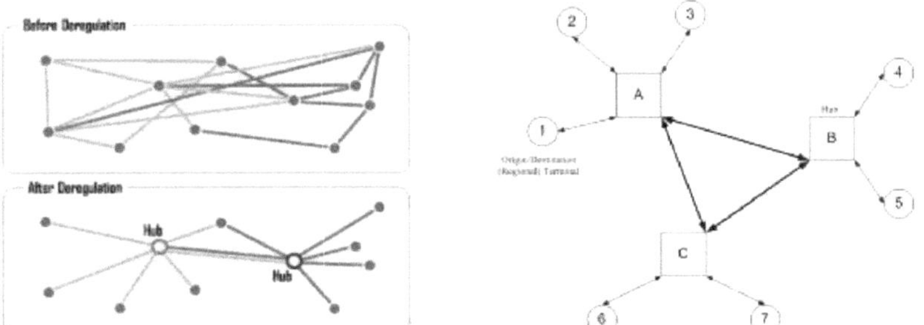

Figura 2.1 Rede de plataformas de terminais intermodais consolidados

Os transportes alternativos nem sempre são a resposta adequada às necessidades de transporte, às relações e ao compromisso entre o volume e a frequência das expedições, por um lado, e o custo e a frequência dos prazos de entrega, por outro, que muitas vezes ditam a utilização de serviços de transporte consolidados. No transporte de passageiros, por exemplo, a escolha é entre a utilização de serviços de transporte de texto ou de transporte público. Consolidação do transporte de mercadorias Menos camiões, vagões ferroviários, linhas de navegação, correio normal e expresso, etc. O transporte de mercadorias em alguns países onde o governo central controla mais ou menos uma grande parte do sistema de transportes também se insere nesta categoria.

Em princípio, todos os sistemas de transporte intermodal estão organizados sob a forma de uma rede "hub and spoke", como mostra a figura 2.1. Nestes sistemas, o serviço é oferecido entre uma série de terminais de partida e de chegada (locais/regionais), nós representados de 1 a 7 na Figura 2.1.

Este número é significativamente mais elevado do que o número de serviços de transporte direto do ponto de partida ao ponto de chegada efectuados pelos transportadores. Para colher os benefícios da relação custo-eficácia, o tráfego de baixo valor é primeiro deslocado para o centro do terminal de consolidação ou HUB (nós A, B e C na Figura 2.1.) - como um aeroporto, um terminal portuário de contentores, um nó ferroviário intermodal ou um hub. Já percebi, o tráfego é consolidado em fluxos maiores para ser direcionado para outros nós com maior frequência e maior capacidade - grande capacidade. Como mostra o diagrama, mais de um serviço pode fluir entre os nós de diferentes maneiras. Os serviços de baixa frequência, que servem um pequeno número de veículos na capital, são utilizados entre o nó e o primeiro terminal. Se a procura for maior, podem ser criados serviços de elevada capacidade entre os nós e o terminal regional ou entre dois terminais regionais. Para a carga conduzida a um centro de distribuição a partir do terminal inicial, o transporte por camião é efectuado por dois veículos que apresentam tempos de distribuição para o transporte de mercadorias ou serviços aduaneiros. Os transportadores rodoviários LTL e os serviços postais são exemplos do primeiro caso, enquanto os caminhos-de-ferro e os contentores marítimos (barcaças ou camiões que efectuam operações de transporte local) representam o segundo caso.

O ponto mais importante da ligação é a organização de uma frequência de serviço muito mais elevada entre todos os pares da rede de destino inicial e a utilização eficiente dos recursos. A desvantagem deste tipo de organização é o aumento dos atrasos nos trajectos mais longos e do tempo passado nos terminais. Isto explica, em parte, por que razão apenas uma pequena parte dos sistemas "puros" hub-and-spoke está operacional; o transporte direto é geralmente efectuado para pares origem-destino importantes ou altamente prioritários. Outra estratégia consiste em separar o tráfego de baixa e de alta prioridade e dedicar serviços diferentes a cada um deles (por exemplo, ao terminal). Um exemplo desta tendência é a criação de serviços intermodais nos caminhos-de-ferro norte-americanos para assegurar o transporte eficiente de contentores entre os principais portos e centros industriais do continente.

As empresas de transporte efectuam uma série de serviços, cada um com o seu próprio padrão, pontos de paragem, frequência, veículos e capacidade correspondente, velocidade (tempo de viagem), etc. Os serviços são muitas vezes agrupados no plano operacional (também conhecido como plano de carga ou de transporte), seguindo principalmente as partidas e chegadas do terminal. O plano é parcial (por exemplo, a última entrega do terminal de mercadorias e o início da entrega no destino) ou totalmente disponibilizado aos utilizadores. O objetivo é garantir que os serviços oferecidos sejam realizados conforme indicado (ou o mais próximo possível disso), da forma mais racional, eficiente e económica possível. Indica também a forma como a procura se move através do sistema utilizando terminais e serviços de transporte.

A procura de mercadorias define a origem, o destino e as caraterísticas físicas específicas das mercadorias (por exemplo, massa e volume), bem como os termos específicos dos serviços e as condições de entrega, o tipo de veículo, etc. O lucro ou a despesa está geralmente associado a uma procura específica.

Quando as mercadorias são entregues no terminal, vários clientes são classificados, agrupados e carregados ou acompanhados num único veículo. Outros movimentos são efectuados diretamente, se tal serviço estiver disponível, ou através de uma série de serviços, para assegurar a operação indireta da transferência e da consolidação. No caso do transporte rodoviário LTL e, por vezes, dos serviços postais, as cargas individuais são consolidadas em cargas de veículos, camiões, aviões ou vagões. A carga contentorizada só é transbordada no destino, pelo que a consolidação das operações apenas inclui os contentores carregados em navios, aviões ou vagões. Este é o primeiro tipo de consolidação de operações, os "pequenos" carregados no veículo e os contentores carregados nos navios e assim sucessivamente. Nalguns casos, os veículos são ainda separados e consolidados em comboios. A maior parte dos casos de distribuição lado a lado verifica-se no transporte ferroviário, em que os primeiros vagões são agrupados em blocos (por exemplo, os vagões viajam juntos em blocos sem uma operação de reconsolidação num corretor ou num terminal de destino final) e, em seguida, os blocos juntos formam a composição do comboio. Operações semelhantes, embora em menor escala, são igualmente efectuadas para os comboios de reboque e a montagem de um grande número de reboques.

Os terminais são um elemento importante na consolidação dos sistemas de transporte intermodal e a sua eficiência é crucial para o desempenho de toda a cadeia de transporte. A secção seguinte descreve as principais operações dos terminais e as questões de planeamento, centrando-se nos terminais portuários de contentores.

2.3. Consolidação de terminais intermodais

Os terminais têm várias formas e dimensões e podem especializar-se em métodos de transporte e no transbordo de produtos específicos ou oferecer uma gama completa de serviços. As principais actividades realizadas nos terminais incluem a carga e a descarga de veículos, a triagem e o agrupamento de cargas e veículos, o desmantelamento e a transferência de veículos em comboio para outras tarefas.

Quando os contentores são transportados, são manuseados como parte do transporte e não são transportados com uma carga. Assim, quando carregado num camião, vagão ferroviário, barcaça ou navio de mar, um contentor segue os movimentos e as actividades de consolidação correspondentes ao veículo até chegar ao destino final ou ao terminal intermodal. São muito poucas as actividades que se realizam com uma barcaça e um camião. Pode mencionar-se a transferência de um batelão ou de um reboque, de um batelão ou de um veículo rodoviário para outro veículo. Não existe um modelo de planeamento concreto desenvolvido para essas actividades; já na medida do possível, o expedidor elabora um plano de transporte. A consolidação mais complexa é efectuada no âmbito do sistema ferroviário para a triagem e consolidação de vagões em comboios completos. Na maioria dos casos, não há diferença entre o transporte ferroviário normal e o transporte ferroviário intermodal.

O transbordo intermodal de contentores entre o camião e o caminho de ferro, que tem lugar no terminal ferroviário, é uma caraterística especial do transporte intermodal. Os contentores chegam ao terminal ferroviário por estrada ou são diretamente transbordados para vagões ferroviários e geralmente empilhados no porão. Os contentores são depois recolhidos pelas autoridades para serem eliminados e os vagões selados são montados em comboios completos. A operação inversa pode ocorrer quando os contentores chegam ao terminal por comboio e têm de ser transbordados para camiões para posterior transporte. Não existe um conceito de planeamento destas operações. Os problemas são semelhantes aos dos terminais marítimos de contentores, que são provavelmente as instalações mais conhecidas para o transbordo intermodal de mercadorias.

Existe um vasto conjunto de estudos sobre o planeamento e as operações específicas dos terminais de contentores nos portos. Os parágrafos seguintes descrevem estas operações e questões de planeamento.

A principal função de um terminal de contentores num porto é criar as condições necessárias para o transbordo de contentores entre navios de mar e meios de transporte terrestres, camiões e, sobretudo, comboios. Trata-se de um sistema muito complexo que inclui uma série de equipamentos, operações e dispositivos de movimentação de contentores. A afetação de recursos a tarefas e a conceção dessas tarefas são das questões mais importantes no planeamento de um terminal de contentores num porto. Um terminal de contentores divide-se em três áreas principais. A área terrestre é constituída por um cais para navios, gruas para carregar e descarregar contentores dos navios e um terminal de contentores. A área interior faz a ligação com os sistemas de transporte terrestre (conhecidos como portos interiores) e inclui entradas para camiões e comboios, áreas onde os vagões são carregados e descarregados e onde se encontra o equipamento necessário. Regra geral, os camiões são carregados e descarregados diretamente numa zona franca. A terceira área é principalmente utilizada para empilhar contentores vazios e cheios para importação e exportação (alguns terminais também têm instalações para carregar e descarregar contentores). Nesta área são utilizados diferentes tipos de gruas. Transportadores", principalmente veículos automatizados, que movimentam os contentores entre estas três áreas do porto. A figura 2.2. mostra parte do terminal de contentores do porto. Na zona costeira vê-se um navio e duas gruas costeiras, enquanto na zona terrestre se vê a secção de transporte. Também são mostrados os contentores de armazenamento numa área que funciona como um depósito para os contentores, bem como um tipo de grua concebida para manusear os contentores entre o depósito e o transporte rodoviário, e para mover o contentor, se necessário.

Figura 2.2. Apenas a parte do terminal de contentores

Num terminal de contentores, são executados três tipos principais de tarefas operacionais:
1) Exploração de navios, amarração de navios à costa, carga e descarga de navios porta-contentores,
2) receção e entrega de contentores para camiões e vagões ferroviários estrangeiros,
3) Exploração, transbordo e armazenamento de contentores no depósito.

Quando o navio chega ao porto do terminal de contentores, é-lhe atribuída uma caução e gruas costeiras para o transbordo. O espaço de amarração é um recurso muito importante no terminal de contentores (os custos de construção para aumentar a capacidade são muito elevados, mesmo que haja espaço para mais melhorias). Uma amarração determina a atracação e a posição num determinado cais de um navio de contentores. A afetação das gruas de terra determina qual o navio que será servido por cada grua de terra e quais os serviços que estarão disponíveis em devido tempo. A ordem de armazenagem determina a ordem pela qual os contentores são carregados e descarregados, bem como a localização exacta de cada contentor e a posição em que deve ser carregado no navio. Durante a descarga, o guindaste costeiro transfere o contentor do navio para o transportador. O transportador entrega então o contentor no depósito de carga (descarga) para ser armazenado pela grua. Esta sequência de operações é designada por indireta. Alguns terminais utilizam um sistema de transferência direta, em que o equipamento é utilizado para movimentar os contentores entre o cais e os armazéns. Nas operações de descarga (carga), o processo é efectuado no sentido inverso.

Em terra, as operações de receção e entrega constituem a interface entre o terminal de contentores e as actividades externas. A receção começa quando os contentores chegam ao terminal por um ou mais transportadores rodoviários externos ou por vagões ferroviários. No portão, os contentores são inspeccionados e verificados quanto a danos (no contentor e não no seu conteúdo) e quanto à documentação correta. Também no portão, para verificar a informação, um contentor deve ser armazenado onde e em que condições os transportadores rodoviários devem ser autorizados. Quando os transportadores externos chegam a um ponto de transferência específico, uma grua levanta o contentor do camião e baixa-o para a quantidade prevista. Quando os contentores chegam por via ferroviária, os vagões são levados para a zona ferroviária do porto, onde os contentores são controlados e documentados. Os contentores são então entregues à grua de movimentação, que os transporta para o armazém. No momento da entrega, os contentores são colocados pela instalação de armazenagem no transportador rodoviário externo que sai do porto ou no tapete rolante que entrega os contentores na zona ferroviária e os carrega para um meio de transporte específico.

As operações costeiras e terrestres interagem com os sistemas de manuseamento e armazenamento na área do armazém, utilizando informações sobre a localização dos contentores ou onde devem ser colocados no armazém. Uma vez que os contentores são armazenados no armazém, um dos principais factores que influenciam o tempo é o transporte marítimo e terrestre. O problema da atribuição de espaço consiste em determinar um local de armazenamento para os contentores, individualmente ou em grupos.

Um bloco é composto por 25 a 35 zonas de armazenagem, contendo cada zona de armazenagem 6 a 10 lotes de contentores. As operações de movimentação e de armazenagem incluem a gestão e a movimentação dos contentores enquanto estes estão armazenados no armazém, existindo uma operação de expedição entre a receção e a expedição. O equipamento de movimentação de contentores coloca os contentores no armazém e localiza-os quando necessário. As gruas de armazenagem deslocam-se ao longo do bloco de contentores no armazém para obter esta informação. O planeamento desta operação faz parte do processo de atribuição que atribui tarefas ao equipamento de contentores. Com base na programação do guindaste de terra, um ou dois guindastes de armazenagem são atribuídos a cada guindaste de terra para carga e descarga. Os restantes guindastes de armazenagem são afectados à receção e entrega. O objetivo dos operadores de terminal é atribuir e gerir o carril de armazenagem de forma a minimizar os enredos ineficientes e de mão de obra intensiva entre duas gruas de armazenagem.

3. O CONCEITO DE DECISÃO MULTICRITÉRIO

3.1. Notas gerais

As teorias sobre o modo como as pessoas tomam decisões (teorias descritivas) ou as teorias sobre o modo como as pessoas devem tomar decisões (teorias normativas) são tão antigas como a própria humanidade. Naturalmente, nem todas estas teorias se caracterizam pelas abordagens científicas rigorosas que encontramos atualmente na literatura. Por conseguinte, não é surpreendente que a literatura sobre a tomada de decisões esteja em constante evolução. Mas, ao mesmo tempo, o desenvolvimento de um método de tomada de decisão perfeito para a vida real e racional continua a ser um objetivo ilusório. Esta contradição entre a amplitude e o âmbito do estudo sobre este tema e o objetivo final esquivo da aplicabilidade no mundo real estudado é o paradoxo da tomada de decisões. [9]

A tomada de decisão multicritério é um dos ramos mais importantes do processo de decisão, com ampla aplicação na resolução de problemas reais. Uma vez que os métodos clássicos de otimização utilizam apenas um critério para a tomada de decisão, a possibilidade de os aplicar à resolução de problemas reais é consideravelmente reduzida. Por outro lado, a presença de um grande número de critérios num modelo conduz a certos problemas na tomada de decisões, uma vez que os modelos são mais complexos no sentido matemático do termo e, por conseguinte, mais difíceis de resolver.

Os modelos de tomada de decisão multicritério facilitam a adoção de decisões óptimas em situações em que existe um grande número de critérios diferentes que podem frequentemente entrar em conflito entre si. Os métodos de tomada de decisão são utilizados em muitos domínios científicos, mas a literatura presta muito pouca atenção à sua aplicação na tomada de decisões empresariais.

3.2. Modelo de decisão multi-critério

A resolução do modelo de tomada de decisão envolve geralmente as quatro fases seguintes:
* Identificação de problemas ;
* Definir o problema;
* Análise das alternativas possíveis para atingir o objetivo da definição e dos resultados ;
* Seleção de alternativas óptimas para a resolução de problemas.

A identificação do problema refere-se à recolha e à classificação dos dados, ao tratamento posterior dos dados e à interpretação dos dados recolhidos e tratados no terreno, que devem contribuir para a identificação correta do problema.

O primeiro passo na fase de identificação é a seleção dos dados e da informação que o decisor obtém de diferentes fontes. O principal objetivo desta seleção é separar os dados e informações mais importantes do que outros para um determinado problema. Nesta fase, trata-se essencialmente de recolher e analisar informações para permitir a formação de um modelo. [12]

A segunda fase, a definição do problema, é sem dúvida a fase mais importante do processo de decisão, porque a forma como definimos o problema determina a possibilidade de o resolver. A definição do problema é um processo extremamente complexo que pode ser dividido em várias actividades:

* Identificação dos componentes do problema - processo que consiste em identificar os diferentes componentes do problema, analisar o seu conteúdo e analisar a sua relação,
* Análise das relações entre problemas e outros problemas ;
* Determinar os objectivos a atingir através da resolução de problemas

- uma etapa importante

do segundo nível, mas também o processo de decisão no continente, porque o mesmo decisor pode, em condições idênticas, comportar-se de forma diferente consoante o seu objetivo,
* Definição dos meios possíveis para atingir os objectivos fixados - fase em que é necessário identificar as alternativas possíveis para atingir o objetivo.

A terceira fase do processo de decisão consiste em analisar as alternativas possíveis para atingir o objetivo e medir o impacto que pode ser obtido se essas alternativas forem implementadas. A percentagem de precisão com que o impacto das alternativas é definido e medido depende do grau de incerteza em que o decisor se encontra. Nesta fase, é necessário analisar cada alternativa individualmente e calcular os resultados se a alternativa for concretizada. O problema é observar e ir além, do ponto de vista das condições e dos limites em que os resultados podem ser alcançados. Por conseguinte, a análise deve abranger também os estados naturais possíveis, que determinam os limites que os resultados devem satisfazer. Os estados naturais são acontecimentos aleatórios sobre os quais o decisor não tem qualquer influência [10].

A fase final do processo de decisão consiste em escolher a melhor solução alternativa para o problema de decisão. A escolha é simples quando uma alternativa domina as outras. Trata-se então de uma alternativa cujos efeitos são melhores do que os das outras alternativas. No entanto, estas situações são raras e é geralmente necessário avaliar o impacto do grupo resultante de acordo com determinados critérios. Os critérios de seleção determinam a alternativa óptima que o decisor escolhe com base na sua atitude subjectiva. No modelo de tomada de decisão, existem sempre dois ou mais critérios de seleção de alternativas.

Na literatura, existem duas abordagens básicas às decisões multicritério - a decisão multi-objetivo e a decisão multicritério. Numa decisão multi-objetivo, o objetivo é escolher uma alternativa que maximize o valor da função objetivo, enquanto numa decisão multicritério, o objetivo é escolher uma alternativa tendo em conta vários critérios.

Nas últimas décadas, o método invulgar de análise multicritério desenvolveu-se fortemente e tornou-se muito popular. As razões para este facto são tanto teóricas como práticas:

- De um ponto de vista teórico, a análise multicritério é atractiva porque lida com

    problemas subestruturados ;

- Na prática, oferece uma grande ajuda na resolução das tarefas quotidianas de escolha de decisões e acções de gestão, uma ferramenta de conceção e um apoio metodológico na utilização de uma vasta gama de sistemas.

Quer se trate de decisões estratégicas ou operacionais/medidas de controlo, de um problema predominantemente técnico ou económico, ou de um problema multidisciplinar, quer se trate de uma parte do sistema ou do sistema no seu conjunto, os métodos de análise multicritério ajudam a selecionar soluções adequadas para as tarefas de tomada de decisões de gestão em termos de conceção e utilização.

A tomada de decisão multicritério (MDM) é um dos métodos de tomada de decisão mais populares. Refere-se a situações em que existem vários critérios, normalmente contraditórios, na tomada de decisão, o que permite resolver problemas reais. "Todos os métodos clássicos de otimização utilizam apenas um critério na decisão ou solução, o que reduz drasticamente a realidade dos problemas a resolver" [9]. Por outro lado, a presença de um grande número de critérios nos modelos de decisão também tem propriedades negativas. Os modelos tornam-se muito mais complexos no sentido matemático do termo, mas existe o risco de a solução do problema incluir apenas alguns dos critérios definidos. Consequentemente, os problemas reais são resolvidos caso a caso e só mais tarde é que o método desenvolvido é formalizado e introduzido como método de solução para determinadas categorias de problemas. O espetro do problema de decisão multicritério é vasto, mas todos estes problemas têm, no entanto, alguns elementos em comum: [9]

1) Um número crescente de critérios (funções-alvo, critérios funcionais), ou atributos a decidir, que um decisor cria ;
2) Conflito entre critérios, o caso mais frequente de problemas reais;
3) Taxas únicas para diferentes critérios;
4) Uma série de alternativas (soluções) para escolher e ;

5) O processo de seleção de uma solução final, que pode ser a melhor conceção de uma medida (alternativa) ou a seleção da melhor medida a partir de uma série de medidas predefinidas e finitas.

De acordo com muitos autores, a tomada de decisão multicritério divide-se em decisão multicritério (MTD) e decisão multicritério (MAD) ou análise multicritério baseada na última (quinta) caraterística. No entanto, muitas vezes, os termos decisão multi-objetivo e tomada de decisão são utilizados para representar a mesma classe de modelos, ou muitas vezes utilizados como sinónimos de tomada de decisão multicritério [7].

A tomada de decisão multi-objetivo estuda problemas em que o processo de decisão é contínuo. Um exemplo típico é um problema de programação matemática com uma função multi-objetivo. Por outro lado, a tomada de decisão multicritério centra-se em problemas em que o processo de decisão não é contínuo. Num conjunto alternativo, estes problemas são determinados. É comum referir-se aos problemas que envolvem decisões multi-objetivo como "problemas bem estruturados" e aos problemas que envolvem decisões mais atributivas como "problemas mal estruturados". Embora os métodos de decisão multi-critério sejam diferentes, muitos deles têm alguns aspectos em comum, mas são [9] :

- *Alternativas* - representam as diferentes alternativas de ação disponíveis

decisores. O conjunto inclui um número limitado de alternativas, variando entre algumas e uma centena (algumas centenas). Parte-se do princípio de que as alternativas foram validadas, hierarquizadas e eventualmente classificadas.

- *Múltiplos atributos* - cada problema na tomada de decisão multicritério está associado a vários atributos. Os atributos são também designados por "objectivos" ou "critérios de decisão". Os atributos são dimensões diferentes a partir das quais as alternativas são vistas. Quando o número de critérios é elevado, é possível classificá-los hierarquicamente. Isto significa que alguns critérios são mais importantes do que outros, e este é o critério principal. Cada critério principal pode ser associado a vários subcritérios. Da mesma forma, cada critério pode ser associado a um certo número de subcritérios inferiores, e assim por diante. Embora alguns métodos de decisão multicritério exijam uma estrutura hierárquica entre os critérios de decisão, a maioria parte de um único nível de critérios (sem hierarquia).

- *Conflito entre critérios* - como os diferentes critérios representam diferentes dimensões de uma alternativa, podem entrar em conflito uns com os outros. Por exemplo, o custo pode entrar em conflito com o benefício.

- *Unidades desiguais* - Diferentes critérios podem estar associados a diferentes unidades de medida. Por exemplo, na compra de um carro antigo, os critérios do preço e da distância podem ser medidos em euros e em milhares de quilómetros, respetivamente. Consequentemente, os problemas de decisão multicritério são difíceis de resolver.

- ***Nível de dificuldade*** - A maioria dos métodos de decisão multicritério exige que os critérios sejam ponderados de acordo com a sua importância. Regra geral, estas ponderações são normalizadas de modo a que a sua soma seja igual a um (1).
- ***Decisão matricial*** - um problema de decisão multicritério pode ser representado sob a forma de uma matriz. A matriz é a matriz (mxn) em que o elemento aij representa as caraterísticas da alternativa Ai (i = 1, 2, ..., m) quando avaliada de acordo com os critérios de decisão Cj (j = 1, 2, ..., n). Assume-se também que o decisor definiu a ponderação relativa dos critérios de decisão wj (j = 1, 2, ..., n).

3.3 Métodos de análise multicritério

A literatura contém numerosos métodos de análise multicritério. Nem todos têm o mesmo interesse ou a mesma importância teórica e prática. Eis alguns dos mais conhecidos, tais como

- max-max,
- max-min,
- Hurwicz (combinação dos métodos Max-Max e Max-Min),
- SAW (método de ponderação aditiva simples),
- TOPSIS (Técnica de ordenação das preferências por semelhança com a solução ideal),
- PROMETHEE (Preference Ranking Organization Method for Enrichment Evaluation),
- ELECTRE (Eliminação e Escolha Tradução da **Realidade**),
- disjuntivo,
- Subjuntivo, etc;

Os métodos de análise multicritério, em termos conceptuais, não são particularmente complexos, mas é absurdo pensar que, em termos formais, são mais fáceis de compreender do que os critérios clássicos de otimização. [12]

A caraterística deste método é o facto de ter nascido numa época de rápido desenvolvimento e difusão das tecnologias da informação e de se basear na utilização de computadores. Três centros de investigação científica obtiveram resultados significativos no desenvolvimento e na aplicação prática dos métodos de análise multicritério: a Universidade de Paris - Paris Dauphine, a Universidade de Vrie - Bruxelas e a Universidade de Mitchigen - EUA.

3.3.1. O processo de avaliação multi-critério

A presença de critérios alternativos ou múltiplos, alguns dos quais devem ser maximizados e outros minimizados. Isto significa que as decisões são tomadas em condições conflituosas e que a resolução de problemas multicritérios exige a utilização de ferramentas mais flexíveis do que as técnicas de otimização estritamente matemáticas. Foram desenvolvidos métodos de análise para este fim, dos quais se podem selecionar os mais importantes:

1. *AHP* (*Analytical Hierarchy Process*) - A resolução de problemas baseia-se na decomposição da estrutura hierárquica, cujos elementos são critérios objectivos (subcritérios) e alternativas. Outro elemento importante do método AHP é um modelo matemático para calcular as prioridades (ponderação) dos elementos ao mesmo nível da estrutura hierárquica).

2. *PROMETHEE*, como métodos de resolução, são classificados como alternativas.

   (por ordem do melhor para o pior) e relações de "Ranking". Discute a relação de valor de ranking (seis funções de preferência propostas) para o tratamento de problemas multicritério. Apresenta o PROMETHEE I e II. Os métodos PROMETHEE I de classificação parcial constituem uma alternativa. A classificação completa pode ser obtida pelo método PROMETHEE II.

3. Os métodos ELECTRE são classificados no processo de decisão como um "método de classificação" (método de outranking). O método ELECTRE é composto por duas partes principais: em primeiro lugar, o estabelecimento de uma ou várias classificações para comparar as proporções de pares diferentes; em segundo lugar, procedimentos de investigação que têm em conta as hipóteses formuladas na primeira fase. Os critérios do método ELECTRE têm dois grandes grupos de parâmetros: índices (coeficientes), significância e limites. Existem várias versões do método ELECTRE: ELECTRE I, II, III, IV, V.

4. *O TOPSIS* (*Technique for Order Preference by Similarity to Ideal Solution*) baseia-se no conceito de que a alternativa escolhida deve ser a menos distante das soluções ideais e a mais distante das soluções anti-ideais. A solução ideal é definida pela melhor avaliação dos valores das alternativas para cada critério; inversamente, as soluções ideais negativas são as alternativas com os piores valores de avaliação.

5. *O método CP* (*programação de compromisso*) classifica as alternativas em função do critério de proximidade particular do valor "ideal". Os pesos dos critérios wj (j = 1, 2, ..., m) são os valores normalizados da pontuação inicial, que o decisor define como a soma dos primeiros.

6. *O método Delphi* baseia-se em grupos de teste, cujos membros são convidados a elaborar a sua lista pessoal (individual) de critérios ou

objectivos importantes para a resolução de um determinado problema (tarefa). Cada membro do grupo determina a ordem de importância que atribui aos critérios e objectivos da sua lista. Para os dois dados obtidos pelos membros do grupo (que os membros do grupo indicam independentemente uns dos outros), as suas médias são calculadas para o grupo como um todo. As médias calculadas são tidas em conta como a pontuação final.

7. *Como são atribuídos os pontos*

Alguns métodos de análise multicritério têm várias versões (por exemplo, ELECTRE I, II e IV, ou PROMETHEE 1 e 2), mas, na prática, utilizam frequentemente vários métodos em simultâneo para garantir a coerência do controlo da tomada de decisões. Nos últimos anos, com as versões normalizadas e difusas de alguns métodos utilizados para cobrir problemas complexos relacionados com a tomada de decisões colectivas, a subjetividade humana, a especialização, a tendência para utilizar a pontuação verbal em vez da numérica e outros. [14]

3.3.2. O método de pontuação

O método de pontuação é uma forma de efetuar uma avaliação multicritério das soluções, por exemplo, para combinar os resultados da avaliação efectuada com vários métodos num único. Além disso, o método de pontuação permite intervir na avaliação e os efeitos são expressos em diferentes unidades de medida. [15]

O método de pontuação é um método analítico utilizado neste trabalho para resolver estudos de caso e determinar o valor relativo de diferentes locais, com base na avaliação da análise multicritério e compará-los com o modelo de pontuação predefinido e com o procedimento de cálculo de valores numéricos relativamente a um determinado número de pontos.

A avaliação analítica de itinerários avalia o método analítico utilizado para determinar as interações entre diferentes itinerários num estudo que avalia os itinerários de acordo com critérios e procedimentos predefinidos para calcular numericamente o valor sob a forma de um determinado número de pontos. Trata-se de um método de seleção em que, de acordo com critérios definidos, os diferentes itinerários são primeiro selecionados em busca de caraterísticas comuns, depois a intensidade (grau) de cada caraterística é determinada separadamente e todas estas intensidades são expressas de forma numérica inequívoca utilizando um sistema predefinido para calcular valores numéricos que são depois utilizados para determinar os itinerários de transporte finais. [15]

4.ESTUDO DE CASO: DETERMINAÇÃO DO POTENCIAL DAS VIAS DE COMUNICAÇÃO E DAS SUAS CARACTERÍSTICAS

4.1. Informações de base sobre o estudo de caso

Os estudos de caso discutidos em [13] dizem respeito à aplicação da análise de decisão multicritério (AMC) à seleção da melhor alternativa para uma cadeia de transporte. O princípio de decisão abordado diz respeito à seleção dos tempos de transporte mais aceitáveis para um contentor de 40 pés entre a fábrica onde as mercadorias são fabricadas, perto do porto de Xangai na China, e os portos nos Estados Unidos.

Este estudo aplica um método de decisão multicritério para selecionar a melhor rota para o transporte intermodal de bens industriais. Foram identificadas quinze possíveis rotas de transporte intermodal para o transporte de um contentor normalizado de 40 pés cheio do porto de Xangai para um centro de distribuição em Bedford, Pensilvânia. Em todas as rotas selecionadas, a carga é transportada do porto de Xangai para um porto de navios de cruzeiro nos EUA. Os principais critérios para selecionar as melhores horas de transporte são o preço, o tempo de transporte e o impacto ambiental, incluindo as emissões de CO_2 para a atmosfera. O objetivo do processo de decisão multicritério é selecionar a melhor opção de transporte e o melhor itinerário.

Este estudo tem como objetivo fornecer um quadro prático para a resolução justa de questões de escolha múltipla sobre a melhor cadeia de transporte intermodal, uma vez que os custos de entrega, durante o transporte e as emissões de gases com efeito de estufa são considerados os factores mais importantes na decisão.

O estudo divide-se em três fases. A primeira fase consiste em identificar as rotas adequadas para uma análise mais aprofundada, obtendo uma compreensão global do transporte internacional intermodal de mercadorias. A segunda fase centra-se nos custos, nos tempos de trânsito e nas emissões de gases com efeito de estufa, bem como na informação sobre as rotas de transporte identificadas para análise pormenorizada. A terceira fase é dedicada à modelização e análise dos resultados, bem como à seleção dos tempos de transporte mais adequados.

A cadeia de transporte abrangida por este estudo é definida de modo a que o ponto de partida seja o Porto de Xangai, sendo o destino final os centros de distribuição da REI Corporation nos EUA, em Bedford, Pensilvânia. Os produtos transportados durante a época de 2011 foram expedidos do porto de Xangai para o porto de Baltimore, na costa atlântica, e do porto de Baltimor para Bedford. Consequentemente, esta rota foi utilizada como rota de transporte (alternativas básicas). Além disso, para efeitos do presente estudo, a unidade funcional utilizada é o carregamento de um contentor normalizado de 40 pés ou de duas unidades equivalentes (TEU). O estudo considerou os seguintes elementos da cadeia de transporte, que são excluídos da análise, com as restrições correspondentes:

- parte da cadeia de transporte até ao porto de carga (Xangai), uma vez que não foi possível recolher dados,
- Parte da cadeia de transporte localizada para além dos centros de distribuição nos Estados Unidos (por exemplo, um centro de distribuição em lojas de retalho e compradores) devido a caraterísticas logísticas diferentes,
- parte da cadeia de transporte para o centro de distribuição no oeste dos Estados Unidos, devido a
a elevada probabilidade de alcançar uma situação óptima em relação aos objectivos,
- transporte aéreo, dado que, de acordo com a prática atual das empresas REI, o transporte aéreo só é utilizado para remessas irregulares ou transporte urgente.

Primeira fase

O objetivo desta fase é identificar as caraterísticas básicas da infraestrutura de transporte intermodal ou das rotas entre o porto e o porto de Shanghai Bedford DC, que estão disponíveis e são adequadas para análise. As informações sobre o transporte intermodal de mercadorias em geral, bem como sobre os portos, o transporte marítimo, o transporte ferroviário e o transporte rodoviário de mercadorias, que provêm essencialmente da investigação, são completadas pelos conhecimentos de peritos que trabalham nos domínios dos transportes e da logística. Os tipos de fontes de informação podem, em geral, ser classificados do seguinte modo

- Organizações governamentais ;
- Organizações não governamentais de proteção do ambiente;
- Fontes académicas ;
- Transportadores e organizações comerciais ;
- Portos marítimos de contentores e organizações comerciais ;
- Empresa de transportes ;
- Empresas de logística.

A primeira fase da análise dos critérios de estudo diz respeito às possibilidades de transporte intermodal, aos tipos de transporte intermodal e aos diferentes modos de transporte. Dado que a primeira parte deste trabalho é dedicada ao transporte intermodal e à quota do transporte intermodal, esta parte não inclui a parte dedicada ao transporte intermodal no interior dos Estados Unidos.

Segunda fase

O objetivo desta fase é sistematizar os canais de comunicação de entrada, preparados na fase anterior, e acrescentar dados para fins que serão tidos em conta na análise da fase seguinte.

Os objectivos desta fase são analisar o impacto do custo total, do tempo total e das emissões totais do transporte num determinado itinerário. Para calcular os custos de transporte, é necessário recolher dados como o volume e o peso das mercadorias, a distância entre o ponto de partida e o ponto de chegada, a extensão do trajeto e os custos de transporte. Para calcular as emissões de gases com efeito de estufa, é necessário recolher não só o volume e o peso das mercadorias transportadas, mas também os factores de emissão. Além disso, os dados devem ser classificados com base no tipo de mercadorias transportadas, desde o ponto de partida até ao destino final.

Os dados primários foram obtidos diretamente do proprietário para a investigação. Por exemplo, o volume e o peso da carga foram obtidos junto das empresas REI, enquanto os factores de emissão foram recolhidos junto do transportador e outros. Nos casos em que os dados primários não estavam disponíveis, foram obtidos dados secundários utilizando bases de dados e ferramentas publicamente disponíveis. Nos casos em que os dados primários e secundários não estavam disponíveis para a análise, foram utilizados pressupostos conhecidos.

Com base nos dados recolhidos na segunda fase, é elaborada uma lista de itinerários de transporte com atributos relativos aos custos de entrega (transporte), tempo de transporte e emissões, que são utilizados na terceira fase, durante a qual os resultados são modelados e analisados.

A terceira fase

O objetivo desta fase é escolher a melhor via de transporte intermodal para a entrega das mercadorias, proposta pelas vias de transporte, com base nos dados recolhidos e na aplicação de modelos de decisão multicritério. No Microsoft Excel, foi criado um modelo simples com o objetivo fundamental de verificar a utilidade geral do orçamento em cada momento e as análises de sensibilidade.
A equação básica do modelo é a seguinte

$$U_r = w_c u_{rc} + w_t u_{rt} + w_e u_{re} \qquad\qquad (4.1.)$$

where are they:

u_{rc} = usefulness of the route r for the criteria costs,
u_{rt} = usefulness of the route t for the criteria time,
u_{re} = usefulness of the route e for the criteria emissions,
w_c = weight (importance) for the criteria costs,
w_t = weight (importance) for the criteria time,
w_e = weight (importance) for the criteria emissions,
U_r = General usefulnessof the route r.

Os resultados da lista de critérios da secção anterior são convertidos proporcionalmente em utilidade numa escala de 0 a 1, sendo o melhor atributo classificado com 1 e o pior com 0. A importância (ponderação) dos três critérios é atribuída classificando os critérios do mais baixo para o mais alto para cada modo em termos de custo, do mais longo para o mais curto em termos de tempo de deslocação e do mais baixo para o mais alto em termos de emissões poluentes. Por outras palavras, a importância de cada critério é expressa em termos monetários, na medida em que o utilizador está disposto a pagar para, por exemplo, encurtar o tempo de viagem ou reduzir as emissões. Desta forma, o utilizador avalia a importância de cada critério, uma vez que o seu carácter descreve o montante que está disposto a gastar com ele.

Substituindo a utilidade convertida e a ponderação de cada critério (expressa em termos monetários), os resultados obtidos são implementados numa equação de modelo incremental simples, a partir da qual se pode calcular a utilidade total para cada itinerário de transporte, permitindo determinar o itinerário de transporte intermodal mais adequado para o transporte de mercadorias de entrada. Finalmente, a análise de sensibilidade é efectuada com base nos efeitos das distribuições adequadas.

Transporte de mercadorias relacionadas com os parasitas globais

Nos Estados Unidos, o transporte de mercadorias produziu, em 2003, cerca de 438 teragramas de dióxido de carbono em equivalente gás com efeito de estufa (GEE), o que representa 24,7% das emissões de GEE de todos os modos de transporte e 6,3% das emissões totais de GEE (ICF Consultung, 2005). Observa-se uma tendência semelhante a nível mundial. Relatórios de 2009 estimam que o transporte de mercadorias é responsável por cerca de 2 500 megatoneladas de CO2, ou seja, 5% das emissões globais de GEE por ano (Fórum Económico Mundial, 2009). O transporte rodoviário é o principal contribuinte para as emissões de gases com efeito de estufa, representando 77,8% do total das emissões relacionadas com os transportes nos Estados Unidos e 63,8% do total das emissões relacionadas com o transporte de mercadorias a nível mundial.

O transporte rodoviário é a principal fonte de emissões de gases com efeito de estufa no sector do transporte de mercadorias, o que nos leva a concluir que é o menos eco-eficiente. No entanto, continua a ser o segundo modo de transporte menos eco-eficiente, atrás do transporte aéreo. Ao contrário do transporte rodoviário, estudos e estatísticas mostram que o transporte marítimo de mercadorias é mais eco-eficiente do que o transporte rodoviário e ferroviário. Por exemplo, o transporte marítimo paga menos de dois terços do peso relativo dos gases com efeito de estufa e da distância do transporte ferroviário em comparação com o transporte rodoviário (Dizikes), ou que o transporte marítimo é 32-55% mais eficiente do que o transporte ferroviário em condições de funcionamento típicas (Herbert Engineering Corporation, 2011). [13]

4.2. Rotas de transporte definidas

Com base nos dados recolhidos, obtêm-se catorze combinações de possibilidades e meios alternativos de transporte de entrada de mercadorias, que são definidas como linhas de base de transporte, com base nas quais se procede à análise da seleção dos tempos de transferência mais adequados. Os itinerários de transporte estão divididos em quatro grupos, com base na localização dos portos de entrada, ou locais de descarga de mercadorias nos Estados Unidos.

Isto significa que as rotas 1 a 4 podem ser agrupadas como o grupo de portos do Noroeste do Pacífico, as rotas 4 a 10 como o grupo de portos da Califórnia, as rotas 11 a 13 como o grupo de rotas do Atlântico Sul e as rotas 14 e 15 como o grupo de rotas de transporte do Atlântico Central. Na Figura 4.1, apenas são apresentados os portos dos EUA.

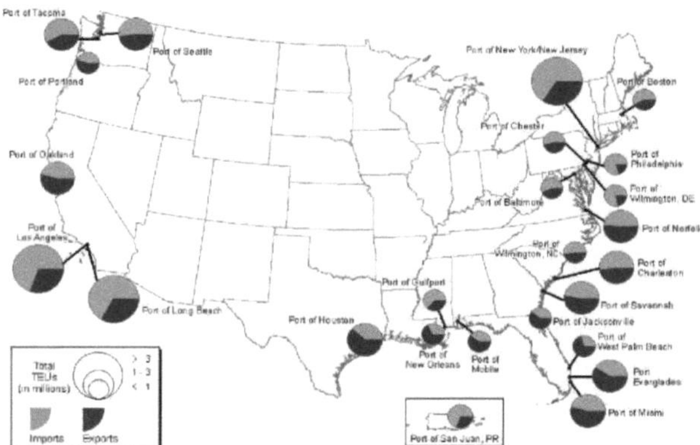

Figura 4.1: Apenas 25 dos maiores portos de contentores dos EUA [13].

Todos os grupos, mas especialmente um grupo de rotas do meio do Atlântico, utilizaram o transporte ferroviário desde os portos de desembarque até um terminal ferroviário intermodal a 360 milhas de DC Bedford - Bedford (o ponto final da cadeia de transporte). Os outros troços rodoviários foram utilizados para o transporte rodoviário. Os quinze itinerários de transporte (realização alternativa da cadeia de transporte considerada) são apresentados no Quadro 4.1.

Quadro 4.1 Rotas e meios de transporte - relação

Ponto de partida	Hora de chegada	Meios de transporte	Efetuar o transporte
Curso 1			
Porto de Xangai	Porto de Seattle	Oceano	Maersk
BNSF Seattle	BNSF Chicago	Carris	BNSF
BNSF Chicago	CSXT Cleveland	Carris	CSXT
CSXT Cleveland	Bedford DC	Arruda	K.A.
Curso 2			
Porto de Xangai	Porto de Seattle	Oceano	Maersk
BNSF Seattle	BNSF Chicago	Carris	BNSF
BNSF Chicago	CSXT Columbus	Carris	CSXT
CSXT Columbus	Bedford DC	Arruda	K.A.
Rota 3			
Porto de Xangai	Porto de Seattle	Oceano	Maersk
BNSF Seattle	BNSF Chicago	Carris	BNSF
BNSF Chicago	CSXT Noroeste do Ohio	Carris	CSXT
CSXT Noroeste do Ohio	Bedford DC	Carris	K.A.
Rota 4			
Porto de Xangai	Porto de Oakland	Oceano	Maersk
BNSF Oakland	BNSF Chicago	Carris	BNSF
BNSF Chicago	CSXT Cleveland	Carris	CSXT
CSXT Cleveland	Bedford DC	Arruda	K.A.
Rota 5			
Porto de Xangai	Porto de Oakland	Oceano	Maersk
BNSF Oakland	BNSF Chicago	Carris	BNSF
BNSF Chicago	CSXT Columbus	Carris	CSXT
CSXT Columbus	Bedford DC	Arruda	K.A.
Rota 6			
Porto de Xangai	Porto de Oakland	Oceano	Maersk
BNSF Oakland	BNSF Chicago	Carris	BNSF
BNSF Chicago	CSXT Noroeste do Ohio	Carris	CSXT
CSXT Noroeste do Ohio	Bedford DC	Arruda	K.A.
Rota 7			
Porto de Xangai	Porto de Long Beach	Oceano	Maersk

BNSF Long Beach	BNSF Los Angeles Hobart	Carris	BNSF
BNSF Los Angeles Hobart	NS Harrisburg	Carris	BNSF-NS
NS Harrisburg	Bedford DC	Arruda	K.A.

Rota 8			
Porto de Xangai	Porto de Long Beach	Oceano	Maersk
BNSF Long Beach	BNSF Los Angeles Hobart	Carris	BNSF
BNSF Los Angeles Hobart	CSXT Cleveland	Carris	BNSF-CSXT
CSXT Cleveland	Bedford DC	Arruda	K.A.

Rota 9			
Porto de Xangai	Porto de Long Beach	Oceano	Maersk
BNSF Long Beach	BNSF Los Angeles Hobart	Carris	BNSF
BNSF Los Angeles Hobart	NS Columbus - Rickenbacker	Carris	BNSF-NS
NS Columbus - Rickenbacker	Bedford DC	Arruda	K.A.

Curso 10			
Porto de Xangai	Porto de Long Beach	Oceano	Maersk
BNSF Long Beach	BNSF Los Angeles Hobart	Carris	BNSF

| BNSF Los Angeles Hobart | CSXT Noroeste do Ohio | Carris | BNSF-CSXT |
| CSXT Noroeste do Ohio | Bedford DC | Arruda | K.A. |

Rota 11			
Porto de Xangai	Porto de Miami	Oceano	Maersk
Porto de Miami	FEC Miami	Arruda	K.A.
FEC Miami	CSXT Baltimore	Carris	FEC-CSXT
CSXT Baltimore	Bedford DC	Arruda	K.A.

Rota 12			
Porto de Xangai	Porto de Savannah	Oceano	Maersk
Porto de Savannah	CSXT Savannah	Arruda	K.A.
CSXT Savannah	CSXT Baltimore	Carris	CSXT
CSXT Baltimore	Bedford DC	Arruda	K.A.

Rota 13			
Porto de Xangai	Porto de Charleston	Oceano	Maersk
Porto de Charleston	CSXT Charleston	Arruda	K.A.
CSXT Charleston	CSXT Baltimore	Carris	CSXT
CSXT Baltimore	Bedford DC	Arruda	K.A.

Rota 14			
Porto de Xangai	Porto de Newark	Oceano	Maersk
Porto de Newark	Bedford DC	Arruda	K.A.

Estrada 15 (fácil)			
Porto de Xangai	Porto de Baltimore	Oceano	Maersk
Porto de Baltimore	Bedford DC	Arruda	K.A.

4.3. Pagamento do transporte de mercadorias para o estudo de caso observado

Na prática, o transporte intermodal de mercadorias permite que as mercadorias sejam transportadas através de vários modos de transporte, como o marítimo, o ferroviário e o rodoviário, sem que as mercadorias sejam manuseadas no cruzamento e sem que seja necessário passar de um modo de transporte para outro. No transporte marítimo, o transporte intermodal é sinónimo de transporte de mercadorias em contentores em navios porta-contentores, por oposição a outros tipos de carga no transporte de mercadorias, como o petróleo e os produtos químicos em navios-tanque ou os minérios e produtos granulares a granel. Em geral, os contentores, conhecidos como contentores intermodais ou ISO, têm 20 ou 40 pés de comprimento e 8 pés e 6 polegadas de altura, pelo que a capacidade do contentor é expressa em unidades equivalentes a toneladas TEU. Os contentores maiores de 40 pés convertidos em unidades equivalentes de contentor representam 2 TEU.

O transporte ferroviário é ainda mais complexo do que o transporte marítimo. No caso do transporte ferroviário intermodal, este pode envolver um contentor ou uma carga em diferentes vagões para o transporte de diferentes tipos de mercadorias. Nos Estados Unidos, os contentores de mercadorias têm geralmente entre 48 e 53 pés de comprimento. Estes factores incluem, entre outros, a diferença entre o transporte intermodal internacional e o transporte intermodal nacional de mercadorias para trabalhos que requerem transporte ferroviário.

Em termos de transporte intermodal nos Estados Unidos, o transporte ferroviário intermodal passou de 3 milhões de contentores e veículos em 1980 para 11,9 milhões de unidades em 2011. Durante o mesmo período, a percentagem de contentores passou de 42% para 85,6%. O empilhamento de contentores em dois níveis num vagão ferroviário foi introduzido pela primeira vez nos Estados Unidos em 1984 e, até 2004, representava cerca de 70% do transporte intermodal de mercadorias por caminho de ferro.

O quadro 4.2 apresenta os 25 maiores portos de contentores da América do Norte em 2010, por tráfego anual de contentores em TEU (Associação Americana de Autoridades Portuárias).

Tabela 4.2. Os 25 principais portos de contentores da América do Norte

Número de série	Porto	Costa	País	Tráfego de contentores (TEU/ano)
1	Los Angeles	Costa do Pacífico	Estados Unidos	7,831,902
2	Long Beach	Costa do Pacífico	Estados Unidos	6,263,499
3	Nova Iorque/Nova Jersey	Costa atlântica	Estados Unidos	5,292,025
4	Savana	Costa atlântica	Estados Unidos	2,825,179
5	Metro Port de Vancouver	Costa do Pacífico	Canadá	2,514,309

6	Oakland	Costa do Pacífico	Estados Unidos	2,330,214
7	Seattle	Costa do Pacífico	Estados Unidos	2,133,548
8	Hampton Roads	Costa atlântica	Estados Unidos	1,895,017
9	Houston	Costa do Golfo	Estados Unidos	1,812,268
10	São João	Costa atlântica	Estados Unidos	1,525,532
11	Manzanillo	Costa do Pacífico	México	1,509,378
12	Tacoma	Costa do Pacífico	Estados Unidos	1,455,466
13	Charleston	Costa atlântica	Estados Unidos	1,364,504
14	Montréal	Costa atlântica	Canadá	1,331,351
15	Honolulu	Costa do Pacífico	Estados Unidos	968,326
16	Jacksonville	Costa atlântica	Estados Unidos	857,374
17	Miami	Costa atlântica	Estados Unidos	847,249
18	Lázaro Cardenas	Costa do Pacífico	México	796,011
19	Porto de Everglades	Costa Atlântica	Estados Unidos	793,227
20	Veracruz	Costa do Golfo	México	677,596
21	Baltimore	Costa atlântica	Estados Unidos	610,922
22	Altamira	Costa do Golfo	México	488,013
23	Anchorage	Costa do Pacífico	Estados Unidos	445,814
24	Halifax	Costa atlântica	Canadá	435,461
25	Nova Orleães	Costa do Golfo	Estados Unidos	427,518

4.3.1. Transporte marítimo

As vinte principais companhias de navegação em termos de dimensão da capacidade operacional (medida em TEU) em 2011 estão resumidas no Quadro 4.3 (CapMarine Assurances & reassurances SAS, 2011). A Maersk e a Mediterranean Shipping Company são duas grandes companhias de navegação ultramarina com uma capacidade superior a 1 800 000 TEU de contentores, à frente do grupo CMA CGM, que ocupa o terceiro lugar.

Quadro 4.3. Vinte dos navios porta-contentores oceânicos do mundo

Classificação	Transportadora	Capacidade operacional (TEU)	Capacidade operacional (número de navios)
1	APM-Maersk	2,147,831	578
2	Mediterrâneo Empresa de transporte	1,863,449	450
3	Grupo CMA CGM	1,209,530	400
4	Linha Evergreen	603,766	158
5	Hapag-Lloyd	596,774	136
6	APL	584,780	146
7	Grupo CSAV	579,296	155
8	Linhas de contentores COSCO	544,857	139
9	Navegando da Hanjin	476,955	104

10	*Linhas de contentores marítimos da China*	*457,162*	*140*
11	*MOL Logística*	*399,337*	*97*
12	*Linha NYK*	*386,838*	*98*
13	*Grupo Hamburgo Sul*	*370,851*	*116*
14	*OOCL*	*353,523*	*79*
15	*Linha K*	*328,327*	*78*
16	*Zim Serviços integrados de navegação*	*322,735*	*94*
17	*Companhia de Navegação Yang Ming*	*322,091*	*79*
18	*Hyundai Merchant Marine*	*286,875*	*55*
19	*Pacific International Lines*	*263,558*	*142*
20	*Companhia de Navegação Árabe Unificada*	*216,799*	*55*

O segmento do transporte marítimo de mercadorias centra-se na Maersk - o mais impressionante e conhecido transportador de contentores. O transportador, em comparação com outros transportadores de contentores, tem uma abordagem séria das suas tarefas comerciais e continua a responder a vários estudos no que diz respeito ao transporte marítimo de contentores. A Maersk Transpacific oferece serviços de transporte do porto de Xangai para

portos do Pacífico na América do Norte. O quadro 4.4 mostra os serviços do porto de Xangai na rota comercial transpacífica a partir de outubro de 2012. (Maersk Line).

Quadro 4.4: Serviços e portos servidos apenas por navios da Maersk com partida de Xangai

Serviço	*Porta de entrada*	*Terminal de entrada*	*Dias de trânsito*
TP2	*Long Beach, CA*	*Total Terminais Internacionais/Pier T*	*15*
TP3	*Newark, NJ*	*Terminal APM*	*32*
TP3	*Norfolk, VA*	*Terminal APM*	*35*
TP3	*Savannah, GA*	*Terminal de Garden City*	*37*
TP7	*Miami, FL*	*Terminal de contentores do Sul da Flórida*	*25*
TP7	*Savannah, GA*	*Terminal de Garden City*	*26*
TP7	*Charleston, SC*	*Terminal Wando-Welch*	*28*

TP8	Long Beach, CA	Total Terminais Internacionais/Pier T	13
TP8	Oakland, CA	Terminal internacional de contentores	17
TP9	Seattle, WA	Terminal 18	13
TP9	Vancouver, Canadá	Terminal Deltaport	15

Com base nos dados relativos ao transporte marítimo e aos operadores do modo de transporte dominante, o estudo limitou a análise das rotas aos portos utilizados para a movimentação dos porta-contentores da Maersk. A Maersk presta-se igualmente ao tratamento dos transportadores de mercadorias ultramarinos, uma vez que permite o acesso aos seus dados sobre a gestão ambiental e o transporte intermodal de mercadorias. [1] O armador selecionado é um defensor do "Slow Steaming". De acordo com a Maersk, esta estratégia de "meia potência" reduziu as emissões de CO2 por contentor em 12,5% de 2007 a 2009. Além disso, um estudo realizado pela Radio Cariou [13] estima que esta estratégia conduziu a uma redução de 11% das emissões de dióxido de carbono no transporte internacional de 2008 a 2010. Para além de reduzir o consumo de combustível e, por conseguinte, os custos do combustível e as emissões de gases com efeito de estufa, o "mid-power steering" melhora igualmente a fiabilidade do plano de transporte, dando aos navios a flexibilidade necessária para adaptarem a sua velocidade aos prazos de entrega (Maersk Line, 2010 .). Além disso, em março de 2012,

A Maersk, em colaboração com a BNSF Railways USA e a Class Stripes, criou um transporte intermodal simples de mercadorias entre os principais portos da Ásia e Chicago, Dallas, Houston, Memphis e Northwestern - Ohio, nos Estados Unidos, através do porto de Los Angeles. A cooperação entre o transporte marítimo e o transporte ferroviário permite um trânsito mais rápido e prazos de entrega mais curtos[13]. [13]

4.3.2. Transporte ferroviário

A rede ferroviária nos Estados Unidos está dividida em cinco classes que

---

[1] Slow-Steaming - tipo de transporte ultramarino que consiste em reduzir a velocidade (nós) a que o navio se desloca, a fim de reduzir o consumo de combustível e as emissões ("meia potência").

Método de aplicação para a tomada de decisões no domínio do transporte combinado: tratamento de casos de estudo

prestam serviços de transporte de mercadorias, das quais quatro classes de empresas têm um impacto direto na análise do presente estudo. Estas quatro classes de empresas ferroviárias são a BNSF Railway, a Union Pacific Railroad, a CSX Transportation e a Norfolk Railway Soutern. Além disso, no que diz respeito ao transporte ferroviário, é possível utilizar as companhias ferroviárias canadianas que servem a zona do aeroporto de Vancouver, nomeadamente as duas classes seguintes: Canadian National Railway e Canadian Pacific Railway.

Figura 4.2 Mapa da rede ferroviária da Union Pacific

A Union Pacific serve principalmente o Oeste dos Estados Unidos e é um dos principais concorrentes da BNSF. Figura 4.2. O sistema de bilhética representa o tráfego ferroviário da Union Pacific. Nesta classe, existem 27 nós ferroviários intermodais que têm a capacidade de receber contentores do estrangeiro e transportá-los dentro dos Estados Unidos. Desde os portos de descarga até aos benefícios da Maersk, os caminhos-de-ferro da Union Pacific estão também presentes nas docas dos portos de Seattle, Oakland e Long Beach.

A CSX Transportation serve principalmente a região leste dos Estados Unidos. A figura 4.3 mostra um mapa da rede ferroviária explorada pela CSX. Esta

A empresa dispõe de 43 nós intermodais capazes de receber contentores provenientes do estrangeiro e de os transportar dentro dos EUA. Entre os portos de descarga da lista da Maersk, a CSXT tem acesso a Charleston, Savannah e Miami. Os nós intermodais da Transaport estão localizados nas proximidades destes portos, enquanto os contentores são entregues nos três locais por estrada, do porto para o nó intermodal.

Figura 4.3. Rede ferroviária da CSXT

Para chegar às áreas de Bedford DC, através dos portos do Atlântico Sul, utilizando a linha férrea CSXT, utiliza nós intermodais, que oferecem a viagem mais curta em Baltimore, Maryland.

4.3.3. Tráfego rodoviário

O transporte rodoviário é utilizado para a distribuição final das mercadorias desde o final do terminal até ao centro de distribuição de Bedford. O quadro 4.5 indica a localização e a distância de cada centro de transporte em relação ao centro de distribuição de Bedford. A localização e a disposição dos terminais são ilustradas na Figura 4.4.

Quadro 4.5 Localização e distância do terminal em relação ao centro de distribuição
em Bedford

Terminais	Sítios	Distâncias em km
NS Harrisburg	3500 Industrial Rd. em Harrisburg, PA 17110	104
CSXT Baltimore	4801 Keith Ave, Baltimore, MD, 21224	148
Porto de Baltimore	2700 Broening Hwy, Baltimore, MD 21224	149
CSXT Cleveland	601 E 152nd St., Cleveland, OH 44110	239
Porto de Newark	5080 McLester St., Elizabeth, NJ 07207	262

	2351 Westbelt Dr., Columbus, OH 43228	
CSXT Columbus		285
NS Columbus-Rickenbacker	3329 Thoroughbred Dr., Lockbourne, OH43217	289
CSXT Noroeste do Ohio	17000 Deshler Rd, North Baltimore, OH45872	357

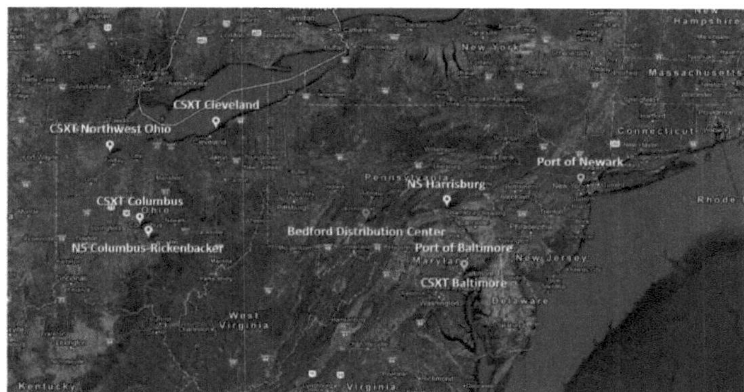

Figura 4.4 Atribuição do terminal selecionado ao Bedford DC

Este documento apresenta uma breve panorâmica dos principais tipos de mercadorias transportadas do porto de Xangai para os Estados Unidos. De um modo geral, as mercadorias são transportadas primeiro por via marítima, ou por via ultramarina, seguindo-se o carregamento dos navios porta-contentores por caminho de ferro, sendo a entrega efectuada em terminais interiores no continente. As mercadorias são depois transportadas para os centros de distribuição por estrada.

4.4. Factores que influenciam a escolha da guia de marcha mais adequada

A seleção e a descrição dos factores que influenciam a escolha da cadeia de transporte ideal são determinadas na segunda fase das duas análises multicritério, o estudo observado. Esta fase centrou-se na recolha de informações e dados para definir a descrição pormenorizada do itinerário de transporte da primeira parte da análise. Foram recolhidos dados sobre os seguintes pontos:

- Volume e peso,
- Distância,
- Custos,
- Tempo de trânsito,
- Factores de emissão.

Na ausência de dados suficientes, os seguintes componentes do tráfego de entrada são excluídos do estudo:

- Actividades nos portos marítimos, tais como carga e descarga e desalfandegamento;
- actividades nos centros e terminais ferroviários, como o transbordo, a carga e a descarga.

4.4.1. Volume e peso

Com base nas informações e nos dados fornecidos pelo depósito da REI, os produtos típicos são embalados em quantidades variáveis em caixas de cartão, que são depois carregadas no contentor (sem paletização) e transportadas com outros produtos para os EUA. O produto pesa principalmente 13 gramas e um máximo de 40 pares pode ser embalado numa única caixa de cartão. A caixa de cartão tem 0,6 metros de comprimento, 0,4 metros de largura e 0,35 metros de altura. Uma caixa completa, cheia de produto, pesa 1,1 quilogramas.

As dimensões internas de um contentor normalizado de 40 pés são 12,03 metros de comprimento, 2,35 metros de largura e 2,39 metros de altura. A tara de um contentor normalizado é de 3.700 quilogramas (Maersk Line). Para efeitos de orçamentação no presente estudo, parte-se do princípio de que um contentor normal de 40 pés está cheio até à sua capacidade máxima com caixas cheias de produtos típicos. Assume-se também que não são utilizadas paletes para embalar as mercadorias no contentor. Com base no espaço de carga do contentor e aplicando a forma óptima de acordo, no fundo do contentor estão 110 caixas que podem ser carregadas em seis níveis. O peso do produto embalado, constituído por uma caixa 660, cada caixa 40 contendo o produto, é de 10.456 libras. Por conseguinte, a unidade funcional do estudo é um contentor normalizado de 40 pés, ou seja, o equivalente a 2 TEU ou 15,6 toneladas.

4.4.2. Distâncias

Os dados sobre as distâncias ultramarinas entre os portos observados foram retirados da Maersk. Nos casos em que são necessários mais dados, utilizámos dados da National Oceanic and Atmospheric Administration (Departamento de Comércio dos EUA, 2009) e da PortWorld Web para os locais dos aeroportos necessários (Petromedia Ltd., 2012).

Os dados sobre distâncias no transporte ferroviário e rodoviário foram recolhidos utilizando o PC * MILER e o mapeamento de rotas, quilometragem e orçamento utilizando software de transporte e logística desenvolvido pela ALK Technologies. Em particular, o PC * * MILER Rail desenvolveu um software que contém informações sobre vários aspectos do transporte ferroviário, incluindo o transporte intermodal de carga e se aplica a empresas como a BNSF e a CSXT, que também fornece uma ferramenta para calcular o preço com base nas distâncias de transporte ferroviário. A versão experimental do PC * MILER 26 e do PC * MILER Rail versão 18 foi utilizada para o transporte rodoviário e ferroviário, respetivamente. As distâncias entre o ponto de partida e o ponto de chegada do transporte, de acordo com o tipo de transporte para cada viagem, são apresentadas no quadro 4.6.

Quadro 4.6 <u>Distância do transporte de mercadorias por</u> tipo de transporte

Rota	Oceano	Carris	Arruda	Distância total
1	5,851	2,734	239	8,825
2	5,851	2,756	285	8,893
3	5,851	2,706	357	8,915
4	6,971	2,846	239	10,056
5	6,971	2,868	285	10,124
6	6,971	2,818	357	10,146
7	6,537	3,308	104	9,949
8	6,537	2,555	239	9,332
9	6,537	2,596	289	9,423
10	6,537	2,524	357	9,418
11	11,210	1,162	161	12,533
12	11,676	647	154	12,477
13	11,793	545	162	12,500
14	12,221	0	262	12,483
15	12,338	0	149	12,487

4.4.3. Factores de emissão

Os factores de emissão para o transporte marítimo foram obtidos junto da Maersk e referem-se a 2011 e parte de 2010. Enquanto os factores de emissão para o transporte de mercadorias são expressos principalmente em termos de peso relativo e toneladas de CO_2, as emissões para o transporte de contentores são geralmente expressas como o rácio entre a massa e o CO_2 TEUkm. É claro que, como transportadora marítima, a Maersk Line segue a prática de expressar as emissões de gases com efeito de estufa.

Alguns dos factores que influenciam o consumo de combustível e, consequentemente, o dióxido de carbono são a velocidade, a carga, o combustível e o tipo de motor, a idade e a utilização.

Dado que a Maersk aplica uma estratégia de "potência média", isto poderia levar a uma redução da diferença entre o fator de emissão da Maersk e o protocolo geral GHG. Além disso, a utilização de unidades TEU pode também ser uma fonte de divergência nos factores de conversão para as emissões medidas em CO_2 por tonelada-quilómetro, o que pode ser outra causa de divergência de opinião sobre as emissões de compostos de carbono e relacionar-se com a eficiência do transporte marítimo e ferroviário. Os factores de emissão de gases com efeito de estufa adoptados para cada modo de transporte são apresentados no Quadro 4.7.

Tabela 4.7. Fator de emissões por veículo

Oceano (kg CO2/TEU-km)	Caminho de ferro (kg CO2/t-km)	Transporte rodoviário intermodal (kg CO2/t-km)	Estrada (kg CO2/t-km)
0.0829-0.0898	0.0200-0.0242	0.0531	0.0866

4.4.4 O preço

Um certo número de factores, a seguir descritos, tem um impacto direto na escolha do modo de transporte. O primeiro deles é o preço. Os dados sobre os preços do transporte marítimo de mercadorias provêm do sítio Web da Maersk (Maersk Line) e referem-se a novembro de 2012. A tarifa da Maersk aplica-se por contentor e aplicam-se preços diferentes a diferentes tipos de contentores. As tarifas de transporte rodoviário de mercadorias são tratadas por aplicações informáticas PC * Miler. Utilizámos os parâmetros básicos do software PC * Miler, um elemento-chave do orçamento de preços do transporte rodoviário de mercadorias: combustível, portagens e factores de custo. Assume-se que estes custos são calculados por contentor e que o montante das despesas é o mesmo, independentemente do tipo de contentor.

Os preços do transporte ferroviário intermodal são geralmente compostos por dois elementos: o custo do transporte de terminal para terminal e o custo do combustível. No entanto, nenhum dos transportadores ferroviários publica os seus preços intermodais. Para efeitos do presente estudo, foram selecionados os preços da Canadian National e de transportadores intermodais individuais para os quinze itinerários. Para a componente terminal-terminal, foram recolhidas 50 amostras de pares CN O-D (Canadian National Railvai Company, 2012) e convertidas a um preço médio de $1,12 por milha. A sobretaxa de combustível para a transportadora CN é de 17,37% do custo do transporte célula-a-célula a preços de novembro de 2012. (Canadian National Railway Company, 2005). Os preços são calculados para o chassis e o mesmo preço aplica-se aos contentores de 20', 40' e 45'. Os custos de transporte e os custos de capital para um contentor de 40 pés são apresentados no Quadro 4.8.

Quadro 4.8 Custos de transporte de contentores por diferentes modos de transporte

Routa	Oceano	Carris	Arruda	Preço total
1	3,907	3,594	401	7,902
2	3,907	3,623	418	7,949
3	3,907	3,558	564	8,029
4	4,007	3,741	401	8,149
5	4,007	3,770	418	8,196
6	4,007	3,705	564	8,276
7	4,007	4,363	177	8,547
8	4,007	3,374	401	7,782

9	4,007	3,428	428	7,862
10	4,007	3,332	564	7,903
11	5,557	1,528	252	7,337
12	5,525	851	240	6,616
13	5,525	717	250	6,492
14	5,585	0	414	5,999
15	6,341	0	232	6,573

4.4.5. Tempo de trânsito

Os tempos de trânsito para o transporte marítimo e ferroviário são retirados dos horários publicados nos sítios Web dos transportadores para cada tipo de transporte separadamente (Maersk Line); (BNSF Railway Company, 2012); (CSX Transportation, 2012). Para o transporte ferroviário, é acrescentado um dia extra ao tempo de trânsito nas rotas que não têm um intercâmbio de carga sem descontinuidades, ou seja, as rotas 1 a 3 do Porto de Seattle e as rotas 4 a 6 do Porto de Auckland. Assume-se um tempo de trânsito de 45 minutos para as linhas 7 a 10 dos segmentos do corredor de Alameda e o Porto de Long Beach, com base numa velocidade média do comboio de 35 a 40 mph numa secção longa de 21,6 milhas (International Resources). Os tempos de trânsito para a análise do trajeto foram determinados utilizando o software PC* Miler. Os tempos de trânsito por regime de trânsito em dias, horas e minutos são apresentados no quadro 4.9, expressos no formato dia, hora e minuto: d: HH: MM.

Tabela 4.9. Tempo de trânsito por itinerário e modo de transporte

Rota	Oceano	Carris	Arruda	Tempo total de trânsito
1	13:12:00	9:12:20	0:03:48	23:04:08
2	13:12:00	9:18:12	0:04:31	23:10:43
3	13:12:00	9:05:42	0:05:51	22:23:33
4	16:00:00	8:17:08	0:03:48	24:20:56
5	16:00:00	8:23:00	0:04:31	25:03:31
6	16:00:00	8:10:30	0:05:51	24:16:21
7	12:00:00	6:23:45	0:01:43	19:01:28
8	12:00:00	7:14:29	0:03:48	19:18:17
9	12:00:00	6:17:45	0:04:41	18:22:26
10	12:00:00	1:07:15	0:05:51	13:13:06
11	25:00:00	3:06:21	0:02:43	28:09:04
12	27:12:00	1:05:42	0:02:33	28:20:15
13	28:12:00	0:23:42	0:02:40	29:14:22
14	32:00:00	0:00:00	0:04:14	32:04:14
15	41:12:00	0:00:00	0:02:26	41:14:26

4.4.6. Emissões

As emissões de gases com efeito de estufa foram calculadas adicionando o produto do volume ou peso do produto pela distância e o fator de emissão para cada modo de transporte. As emissões totais, expressas em kg de CO2 por modo de transporte, são apresentadas no quadro 4.10.

Quadro 4.10. Emissões totais, por tipo de dados de transporte, em kg de CO2

Rota	Oceano	Carris	Arruda	Emissões totais
1	1,051	861	198	2,110
2	1,051	868	236	2,154
3	1,051	852	296	2,199
4	1,156	896	198	2,250
5	1,156	903	236	2,294
6	1,156	887	296	2,338
7	1,084	1,111	86	2,281
8	1,084	804	198	2,086
9	1,084	842	239	2,165
10	1,084	792	296	2,171
11	2,013	367	141	2,521
12	2,097	202	131	2,430
13	2,118	170	141	2,429
14	2,195	0	217	2,412
15	2,216	0	124	2,339

Com toda esta informação recolhida sobre preços, tempos de trânsito e emissões para cada modo de transporte e cada viagem individual, é possível efetuar uma série de análises.

análise dos critérios de escolha do itinerário de transporte mais vantajoso. A lista de rotas, com preços, tempos de trânsito e emissões, é apresentada no Quadro 4.11.

Quadro 4.11. Itinerários de transporte com informações sobre preço, duração e emissões

Rota	Preço (US$)	Tempo de trânsito (d:hh:mm)	Emissões (kg CO2)
1	7,902	23:04:08	2,110
2	7,949	23:10:43	2,154
3	8,029	22:23:33	2,199
4	8,149	24:20:56	2,250
5	8,196	25:03:31	2,294
6	8,276	24:16:21	2,338
7	8,547	19:01:28	2,281
8	7,782	19:18:17	2,086

9	7,862	18:22:26	2,165
10	7,903	13:13:06	2,171
11	7,337	28:09:04	2,521
12	6,616	28:20:15	2,430
13	6,492	29:14:22	2,429
14	5,999	32:04:14	2,412
15	6,573	41:14:26	2,339

Deste modo, a segunda fase da investigação, que fornece os dados para a fase final da análise, deve responder à questão de saber qual é a cadeia de transporte alternativa óptima.

5. ESTUDO DE CASO: SELECÇÃO DAS MELHORES ROTAS DE TRANSPORTE

O principal objetivo do estudo era fornecer um quadro prático para a tomada de decisões de compromisso num ambiente com várias caraterísticas. A parte anterior do estudo identificou e descreveu quinze alternativas que poderiam ser utilizadas para entregar o produto em causa de Xangai para o centro de distribuição de Bedford. O próximo capítulo analisa qual destas alternativas é a melhor.

O objetivo aplicado para a tomada de decisão é a escolha da melhor via de transporte entre as 15 disponíveis, respeitando o princípio do valor mínimo observado em três critérios: custo, tempo de viagem e emissões. O estudo foi implementado através da criação de um modelo simples para este problema multi-critério. Como referido anteriormente, o objetivo é calcular a utilidade de cada vez utilizando a seguinte equação:

$$_{rerc}U - w\,u - I - w\,u + w\,u_{grg}$$

5.1. O processo de decisão

Para executar corretamente os critérios de análise, é necessário, em primeiro lugar, classificá-los corretamente. A classificação dos critérios é apresentada na Tabela 5.1.

Quadro 5.1 Critérios de classificação

Rota	Preços	Tempo de trânsito	Difusão
1	8	6	2
2	10	7	3
3	11	5	6
4	12	9	7
5	13	10	9
6	14	8	10
7	15	3	8
8	6	4	1
9	7	2	4
10	9	1	5
11	5	11	15
12	4	12	14
13	2	13	13
14	1	14	12
15	3	15	11

De seguida, são definidos os melhores e os piores valores para cada critério. O valor do nível pode ser simplesmente definido como uma função dos melhores e piores resultados das alternativas consideradas ou escolhidas de outra forma.

Para os casos estudados, o pior e o melhor nível são, de facto, os melhores e os piores valores indicados no quadro 5.2. para os três critérios.

Quadro 5.2: Melhores e piores valores para os três critérios

	Preço (USD)	*Tempo de trânsito (d:hh:mm)*	*Emissões (kg CO2)*
O melhor	5,999	13:13:06	2,086
O pior	8,547	41:14:26	2,521

Utilizando intervalos definidos (rank), os resultados dos critérios descritos na tabela 4.11. foram convertidos proporcionalmente numa utilidade numa escala de 0 a 1, de modo a que as rotas com os melhores resultados para um critério de utilidade tenham um valor de 1 e as piores rotas tenham um valor de 0 para um determinado critério. Desta forma, os valores convertidos (utilidade) são apresentados na Tabela 5.3.

Tabela 5.3 Valor convertido dos critérios (utilidade) no intervalo de 0 a 1

Rota	*Preços*	*Tempo de trânsito*	*Emissões*
1	0.25	0.66	0.95
2	0.23	0.65	0.84
3	0.20	0.66	0.74
4	0.16	0.60	0.62
5	0.14	0.59	0.52
6	0.11	0.60	0.42
7	0.00	0.80	0.55
8	0.30	0.78	1.00
9	0.27	0.81	0.82
10	0.25	1.00	0.81
11	0.47	0.47	0.00
12	0.76	0.45	0.21
13	0.81	0.43	0.21
14	1.00	0.34	0.25
15	0.77	0.00	0.42

[2]A etapa seguinte consiste em estimar o valor monetário dos critérios, o que é feito utilizando o *método de avaliação de preços*. Em primeiro lugar, o gestor logístico deve determinar o preço máximo que está disposto a pagar para reduzir o prazo de entrega do pior valor (prazo de entrega mais longo) para o melhor valor (prazo de entrega mais curto). Para efeitos deste estudo, assumimos arbitrariamente que se está disposto a pagar um preço médio por

---

[2] Eliminação da procura de bens ou serviços através da fixação de preços excessivamente elevados

todos os resultados considerados e que a prática ascende a \$7,574 (o valor médio na coluna "custos" da tabela 4.11). Conceptualmente, isto significa que se o preço das rotas mais caras e mais rápidas estiver ao nível do custo, os gestores de logística serão indiferentes (tal como definido) na escolha entre estas rotas e a rota mais barata e mais lenta (rota 15 no Quadro 4.11). Em termos matemáticos, isto pode ser expresso da seguinte forma:

$$_{ccftt}T_{cctt}w\ u\ (6\ 573) + w\ " (41{:}14:26) = H\ u\ (7{,}574) + w\ u\ (13{:}13:06)$$

O custo de \$7,574 foi convertido num benefício de 0,38 utilizando o valor incorreto para a conversão, tal como é feito na Tabela 5.3. Inserindo os valores de utilidade obtém-se a equação acima:

$$_{ct}T_{ct}iv\ 0{,}77 - w\ 0{,}00 = H\ 0{,}3o - w\ 1{,}00$$

$_t$Se resolvermos para w , a equação torna-se uma equação :

$$-0.393 H^T{}_c$$

A igualdade resultante significa que a importância (ponderação) do critério "durante o transporte" corresponde a 0,393 importância (ponderação) do critério "custo", ou seja, o custo é $1 / 0{,}393 = 2{,}55$ vezes mais importante do que o tempo de transporte na escolha do itinerário ótimo.

O mesmo foi feito para o atributo emissões. Para efeitos deste estudo, assumimos que o gestor logístico está arbitrariamente disposto a pagar o segundo custo mais elevado de todos os custos considerados na Tabela 4.11 (coluna "Custos"), ou seja, \$8.276, para melhorar a redução dos níveis de emissões das emissões mais elevadas para as mais baixas. Em termos matemáticos, isto significa

$$_e\wedge(7{,}337) + w\ ie\ (2{,}521) = w\ u\ (8{,}276) + w\ u\ (2{,}086)$$

A utilidade do valor de \$8,276 a 0,11, que foi obtida usando splines para converter o valor (como foi feito na Tabela 5.3). Substituindo os valores de utilidade, obtemos :

$$_{cecg}w\ 0{,}47 - w\ 0{,}00 = w\ 0{,}11\ 4{-}\ w\ 1{,}00$$

Resolvendo para >..., a equação torna-se

$$_g w = 0{,}368 iv_c$$

A igualdade resultante significa que a importância (ponderação) do critério "emissões" corresponde a 0,368 importância (ponderação) do critério "custos", ou seja, os custos são $1 / 0{,}368 = 2{,}71$ vezes mais importantes do que as emissões na escolha do itinerário ótimo.

Por último, a soma das ponderações (importância) dos três critérios deve ser igual a 1.

$$_{ctg}\text{w } 4\text{- } w + w = 1$$
$$_{ecc}\text{w } 4\text{- } 0,393w\ 4\text{- } 0,363iv = 1$$
$$_{c}1,76\ liv = 1$$

Consequentemente, a ponderação (importância) do critério observado é calculada do seguinte modo

$$_{w_c}\ \frac{1}{1.761}\text{-} = 0.568$$

$$_{t}w = (0.393)\,(0.568) = 0.223 \qquad\qquad _{e}w = (0.368)\,(0.5\ 68) = 0.209$$

Após a orçamentação (ponderação) de cada critério, é possível calcular a utilidade total para cada itinerário de transporte separadamente. Os resultados são apresentados na Tabela 5.4. Os resultados correspondem aos valores da Tabela 5.3 multiplicados pela ponderação de cada critério.

Quadro 5.4 Utilidade global e classificação dos diferentes itinerários

Rota	Preços	Tempo de trânsito	Emissões	Lucro total	Classificação geral
1	0.14	0.15	0.20	0.49	8
2	0.13	0.14	0.18	0.45	9
3	0.12	0.15	0.15	0.42	10
4	0.09	0.13	0.13	0.35	12
5	0.08	0.13	0.11	0.32	13
6	0.06	0.13	0.09	0.28	15
7	0.00	0.18	0.12	0.29	14
8	0.17	0.17	0.21	0.55	4
9	0.15	0.18	0.17	0.50	7
10	0.14	0.22	0.17	0.53	5
11	0.27	0.11	0.00	0.37	11
12	0.43	0.10	0.04	0.58	3
13	0.46	0.10	0.04	0.60	2
14	0.57	0.07	0.05	0.70	1
15	0.44	0.00	0.09	0.53	6

A rota 14, a cadeia de transporte através do porto de Newark, obteve o maior benefício global. É, por conseguinte, a melhor forma de entregar um contentor normalizado de 40 pés cheio, do porto de Xangai para um centro de distribuição em Bedford, utilizando métodos de decisão com critérios múltiplos.

5.2. Análise para outros tipos de contentores

[3]Para além da unidade fabril utilizada neste estudo, o contentor normal de 40 pés, foi efectuada uma análise para outros tipos de contentores,

---

[3] Um contentor que cumpre normas mais exigentes do que os contentores normais

nomeadamente o contentor normal de 20 pés, o contentor High Cube de 40 pés e o contentor High Cube de 45 pés. O quadro 5.5 apresenta uma comparação dos resultados, bem como o volume e o peso de determinados tipos de contentores. São utilizados os mesmos pressupostos de preços para todos os tipos de contentores. Os resultados mostram que as melhores rotas de transporte são as mesmas para todos os tipos de contentores considerados.

Quadro 5.5 Comparação dos resultados para diferentes contentores

	20' Padrão	*40' Padrão*	*Cubo de 40' de altura*	*Cubo de 45' de altura*
Número do contentor	1	1	1	1
Volume (TEU)	1	2	2	2
Peso total (t)	7,9	15,6	17,7	20,2
Melhor rota	*Rota 14*	*Rota 14*	*Rota 14*	*Rota 14*
Potencialmente as melhores rotas se a personagem crescer Emissões de critérios	*Rota 8*	*Rota 8*	*Rota 8*	*Rota 14*
Potencialmente os melhores itinerários se as condições climatéricas aumentarem a importância dos critérios	*Rota 10*	*Rota 10*	*Rota 10*	*Rota 10*
Potencialmente os melhores itinerários se o preço por quilómetro das viagens de comboio baixar	*Rota 8*	*Rota 8*	*Rota 8*	*Rota 8, Rota 1 e Rota 7*

5.3. Discussão e investigação futura

Para transportar um contentor normalizado de 40 pés cheio de um produto do porto de Xangai para o centro de distribuição em Betfordu, é necessário verificar a classificação e a otimização de determinadas rotas de transporte. A primeira classificação revelou que uma rota de 1 a 6, as rotas através do porto de Seattle e do porto de Auckland, podia ser excluída de uma consideração posterior, uma vez que dominava a rota 8, ou a rota através do porto de Long Beach e Cleveland. Além disso, utilizando o modelo incremental, verificou-se que as 14 rotas, porto de Newark melhor alternativa, dada a amplitude de critérios, factores que influenciam a seleção dos preços observados.

Os resultados da análise de um determinado tipo de contentor podem ser generalizados para a análise de outros tipos de contentores. Isto deve-se principalmente a vários factores que afectam as emissões e os preços dos diferentes modos de transporte. Por exemplo, o fator de emissão para o transporte marítimo de mercadorias é expresso em TEUkm, ao passo que a repartição para o percurso marítimo é a mesma para um contentor normal de 40 pés e para um contentor high-cube de 45 pés, sendo ambos abrangidos por contentores de 2 TEU. No entanto, os factores de emissão para o transporte ferroviário de mercadorias são expressos em unidades de peso por distância, e as emissões para a mesma secção de tempo de transporte ferroviário são diferentes para os contentores normais de 40 pés e para os contentores high-cube de 45 pés, assumindo que têm um peso bruto de 15,6 toneladas e 20,2 toneladas, respetivamente. Este facto pode levar a uma desvalorização da utilidade global das linhas que têm diferentes tipos de transporte ferroviário ou das linhas que não têm um maior número de tipos ou para as quais não há transporte ferroviário e que têm um peso bruto de mercadorias mais elevado. Por conseguinte, a análise multicritério e a avaliação dos benefícios no mercado devem ser efectuadas com base num tipo específico de contentor utilizado para o transporte de mercadorias.

Um dos objectivos do estudo era gerir a logística fornecendo uma ajuda prática para a tomada de decisões sobre a escolha do modo de transporte desejado. Com base nesta análise, o gestor logístico já se encontra em melhores condições para se informar melhor sobre as decisões e perceber qual pode ser a sua escolha na procura de um compromisso e está preparado para situações em que não existem dados suficientes para gerir e decidir facilmente. De qualquer forma, quando é necessário tomar decisões, não devemos confiar apenas em dados e modelos e, nesse sentido, o modelo utilizado neste estudo deve servir como um auxílio à tomada de decisão e não como um meio de escolha automática de uma vez.

No entanto, este modelo apresenta alguns inconvenientes que podem ser melhorados. No que diz respeito à precisão, para além da incerteza dos dados relativos aos custos do transporte ferroviário, a exclusão das actividades nos portos marítimos e nas instalações ferroviárias é outra incerteza que pode potencialmente alterar os resultados. Em termos de âmbito, o modelo foi concebido para analisar um único par O-I (saída - entrada) específico; a adição de dados a um grande número de pares O-I aumenta o âmbito do modelo.

6. CONCLUSÕES

O mundo que nos rodeia atravessa um período de inovação tecnológica que favorece a indústria e a globalização da produção, bem como o aumento do volume dos transportes e das trocas comerciais, diretamente ligado às necessidades crescentes de transporte. O aumento do transporte de mercadorias conduziu a um forte aumento do volume de tráfego. Este aumento reflectiu-se principalmente no transporte rodoviário, que é o modo de transporte mais comum, mas cuja capacidade não pode suportar uma carga tão pesada na rede. Para além da pressão sobre as infra-estruturas e do impacto na sua capacidade, a carga reflecte-se também na poluição e nos efeitos negativos para as pessoas. A melhoria da eficiência dos transportes e a redução do seu impacto negativo no ambiente não são possíveis sem o desenvolvimento do transporte combinado. O objetivo do transporte combinado é aumentar a eficiência do transporte através da exploração das vantagens de cada modo de transporte, reduzindo assim o impacto negativo do transporte no ambiente. As vantagens do transporte rodoviário reflectem-se na sua capacidade de transporte "porta-a-porta", que tem impacto nas distâncias curtas e nas pequenas quantidades de mercadorias, mas é também o modo de transporte que tem mais impactos negativos, que se manifestam durante o transporte. O transporte ferroviário é favorável para cargas volumosas e a granel, em que a velocidade de transporte não é um problema, e é adequado para o transporte a longa distância. As novas tecnologias que combinam o transporte ferroviário e rodoviário combinam as vantagens de ambos os modos de transporte numa visão mais eficiente. Para além do transporte rodoviário e ferroviário, o transporte combinado inclui também o transporte marítimo e, mais recentemente, cada vez mais o transporte marítimo de contentores. O transporte de contentores acelera as operações de carregamento que têm lugar nos terminais, onde o modo de transporte mais pequeno (por exemplo, do mar para o caminho de ferro ou para a estrada) é mais eficiente. Esta aceleração teve um impacto considerável na duração total do transporte em termos de itinerário convencional, de um modo de transporte ou de um transporte com transbordo sem unidade de movimentação de carga. Para além da melhoria de todos os modos de transporte, o desenvolvimento da gestão do transporte combinado centra-se na melhoria e modernização das operações de transbordo nos terminais de contentores.

A análise multicritério é um domínio muito importante que também encontrou aplicação nos transportes. Neste estudo específico, a análise multicritério foi utilizada no caso de gerar tempos de transferência óptimos. Os três critérios mais frequentes que influenciam a cadeia de transporte foram tidos em conta na decisão. São eles: Custos de transporte, tempos de trânsito e emissões de gases com efeito de estufa. A decisão multicritério refere-se a um estudo de caso que envolve a escolha de variantes óptimas para o transporte de mercadorias do porto de Xangai para o centro de distribuição em Bedford

(EUA). Do porto de Xangai para os portos dos EUA, as mercadorias são transportadas por contentores marítimos em cada variante. Dependendo do porto em que as mercadorias chegam do porto de Xangai, e do modo de transporte para o centro de distribuição. No caso estudado, a variante de transporte mais optimizada do porto de Xangai para os portos americanos de Newark é o transporte por contentor marítimo, seguido do transporte rodoviário para o centro de distribuição de Bedford.

No nosso país, o transporte combinado está ainda a dar os primeiros passos. Na maioria dos casos, as mercadorias são transportadas por estrada. A combinação de transportes mais frequente é a rodo-ferroviária, enquanto o transporte de contentores ainda não é satisfatório no nosso país. A Sérvia situa-se num corredor de passagem, o que lhe confere uma certa vantagem, uma vez que constitui o pano de fundo de muitos portos (Salónica, Rijeka, Bar, Koper, Constança, Varna). Atravessa igualmente o território da Sérvia e vários rios navegáveis, entre os quais o Danúbio, o maior e mais utilizado, que constitui o Corredor Europeu VII. No entanto, devido à má qualidade das infra-estruturas, nomeadamente ferroviárias, ao baixo nível de utilização das vias navegáveis interiores e à falta de centros e terminais logísticos, a quota-parte do transporte combinado é muito baixa. Depende principalmente do transporte de longa distância e não há contacto direto com os nossos portos e terminais, que existem atualmente. O desenvolvimento e a melhoria das infra-estruturas e dos terminais de transporte de mercadorias, tanto rodoviários como fluviais, permitir-nos-iam tornarmo-nos um concorrente sério na região e tirar partido do potencial oferecido pela nossa localização no Sudeste da Europa como "porta de entrada" entre o Oriente e o Ocidente. A construção de centros de distribuição e o aumento da quota do transporte combinado no nosso país incentivariam os carregadores nacionais e estrangeiros a utilizar as nossas infra-estruturas para definir e escolher os melhores horários de transporte. Para além das vantagens da nossa localização geográfica, são necessários grandes investimentos para dar vida ao transporte combinado nesta região, no verdadeiro sentido da palavra, tal como acontece em alguns países europeus com rendimentos elevados.

7. REFERÊNCIAS

[1] Maslaric, M.: Guião interno e diapositivos para a disciplina "Tecnologias de Transporte Combinado", Faculdade de Ciências Técnicas, Novi Sad, 2008.

[2] Davidovic B: "Technologies of combined transport" Belgrado, 2012.

[3] "Integrated Transport", Faculdade de Estudos Económicos Mediterrânicos, Tivat, 2011/2012.

[4] Puzovic L. e Gajic V. "The role of combined transport in protecting the environment and improving energy efficiency in transport" (O papel do transporte combinado na proteção do ambiente e na melhoria da eficiência energética nos transportes).

[5] Gajic, V: Apresentações internas sobre "Tecnologias de transporte combinado", Departamento de Transportes da FTN em Novom Sadu, 2009.

[6] Kavran, Z.: Projeto: "Definition of intermodal transport corridors with multi-criteria decision-making", Faculdade de Engenharia de Transportes, Zagreb, 2007.

[7] Gladovic, P.: "Organisation of road transport", Faculdade de Ciências Técnicas, Novi Sad, 2008.

[8] Zecevic, S.: Guião interno para cursos sobre "Integrated transport", capítulo "Vehicle-to-vehicle transport technology", Faculdade de Engenharia de Transportes, Belgrado, 2009.

[9] Durovic Z. Tese "Possibilidades de decisão no transporte combinado", Novi Sad

[10] Bundalo Z. "Impact du transport combiné terrestre sur la protection de l'environnement", Ecole supérieure des chemins de fer pour les études spécialisées, Belgrado

[11] Pavlicic, D.: "Decision theory", Faculdade de Economia de Belgrado, Belgrado, 2004.

[12] Backovic M. i Babic S. "Multi-criteria optimisation process of the best life insurance policy" Faculdade de Economia, Universidade de Belgrado

[13] Kitazume K. Multiple Objective Analysis of Intermodal Freight Transportation Routes for REI's Inbound Logistics, Duke University, 2012.

[14] Faculdade de Ciências Técnicas, Engenharia do Ambiente "Multi-criteria analysis of pollution 2", Novi Sad, 2010.

[15] Stamenkovic S. "Example of problem solving place using multi-criteria analysis" - tese de mestrado, Faculdade de Ciências

Técnicas, Novi Sad, 2012.

Printed by Books on Demand GmbH, Norderstedt / Germany